全民科普 创新中国

酷炫的农业机器人

冯化太◎主编

汕头大学出版社

图书在版编目（CIP）数据

酷炫的农业机器人 / 冯化太主编. -- 汕头 ：汕头
大学出版社，2018.8（2023.5重印）

ISBN 978-7-5658-3707-4

Ⅰ．①酷… Ⅱ．①冯… Ⅲ．①农业－专用机器人－青
少年读物 Ⅳ．①TP242.3-49

中国版本图书馆CIP数据核字(2018)第164016号

酷炫的农业机器人　　　KUXUAN DE NONGYE JIQIREN

主　　编：冯化太
责任编辑：汪艳蕾
责任技编：黄东生
封面设计：大华文苑
出版发行：汕头大学出版社
　　　　　广东省汕头市大学路243号汕头大学校园内　邮政编码：515063
电　　话：0754-82904613
印　　刷：北京一鑫印务有限责任公司
开　　本：690mm×960mm　1/16
印　　张：10
字　　数：126千字
版　　次：2018年8月第1版
印　　次：2023年5月第2次印刷
定　　价：45.00元
ISBN 978-7-5658-3707-4

前言

习近平总书记曾指出："科技创新、科学普及是实现创新发展的两翼，要把科学普及放在与科技创新同等重要的位置。没有全民科学素质普遍提高，就难以建立起宏大的高素质创新大军，难以实现科技成果快速转化。"

科学是人类进步的第一推动力，而科学知识的学习则是实现这一推动的必由之路。特别是科学素质决定着人们的思维和行为方式，既是我国实施创新驱动发展战略的重要基础，也是持续提高我国综合国力和实现中华复兴的必要条件。

党的十九大报告指出，我国经济已由高速增长阶段转向高质量发展阶段。在这一大背景下，提升广大人民群众的科学素质、创新本领尤为重要，需要全社会的共同努力。所以，广大人民群众科学素质的提升不仅仅关乎科技创新和经济发展，更是涉及公民精神文化追求的大问题。

科学普及是实现万众创新的基础，基础更宽广更牢固，创新才能具有无限的美好前景。特别是对广大青少年大力加强科学教育，使他们获得科学思想、科学精神、科学态度以及科学方法的熏陶和培养，让他们热爱科学、崇尚科学，自觉投身科学，实现科技创新的接力和传承，是现在科学普及的当务之急。

近年来，虽然我国广大人民群众的科学素质总体水平大有提高，但发展依然不平衡，与世界发达国家相比差距依然较大，这已经成为制约发展的瓶颈之一。为此，我国制定了《全民科学素质行动计划纲要实施方案（2016—2020年）》，要求广大人民群众具备科学素质的比例要超过10%。所以，在提升人民群众科学素质方面，我们还任重道远。

我国已经进入"两个一百年"奋斗目标的历史交汇期，在全面建设社会主义现代化国家的新征程中，需要科学技术来引航。因此，广大人民群众希望拥有更多的科普作品来传播科学知识、传授科学方法和弘扬科学精神，用以营造浓厚的科学文化气氛，让科学普及和科技创新比翼齐飞。

为此，在有关专家和部门指导下，我们特别编辑了这套科普作品。主要针对广大读者的好奇和探索心理，全面介绍了自然世界存在的各种奥秘未解现象和最新探索发现，以及现代最新科技成果、科技发展等内容，具有很强的科学性、前沿性和可读性，能够启迪思考、增加知识和开阔视野，能够激发广大读者关心自然和热爱科学，以及增强探索发现和开拓创新的精神，是全民科普阅读的良师益友。

目录
CONTENTS

农业机器人的发展

农业机器人概述

　　农业机器人的研发很早就成为了发达国家科研的重要组成部分。它因其作业对象和作业环境的复杂多变性，决定了它较工业等领域机器人有着诸多不同和更高要求。

　　由于机械化、自动化程度比较落后，"面朝黄土背朝天。一个四季不得闲"成了中国农民的象征。我国是一个农业大

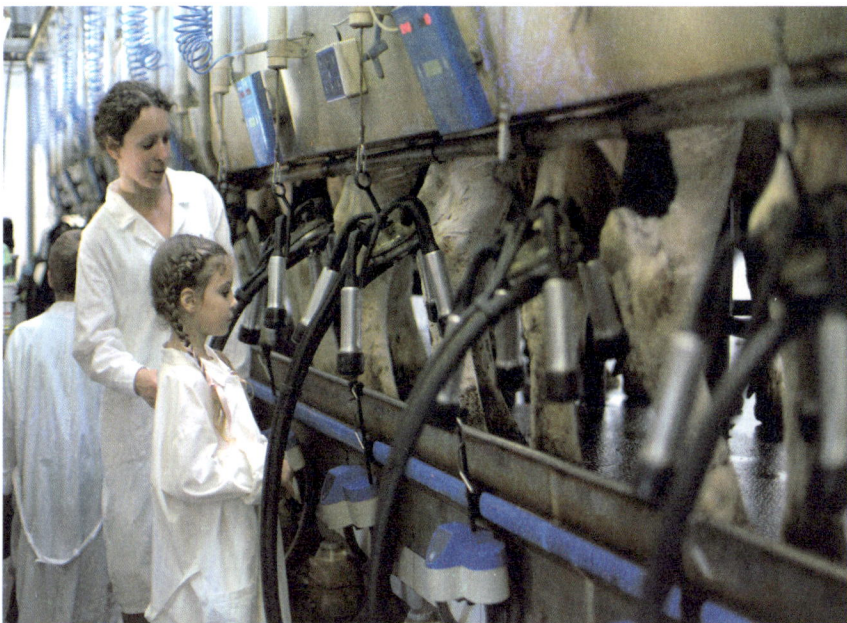

国，但是农业人口较多，人均土地拥有量非常少，所以农业机械化、自动化的需求也不像发达国家那么迫切。

像日本、美国等发达国家，农业人口较少，随着农业生产的多种经营，劳动力不足的现象越来越明显。许多作业项目如蔬菜、水果的挑选与采摘、蔬菜的嫁接等都是劳动力密集型的工作。再加上时令的要求，劳动力问题很难解决。

正是基于这种情况，农业机器人便应运而生了。使用机器人有很多好处，比如可以提高劳动生产率，解决劳动力不足的问题，改善农民的工作卫生环境，防止农药、化肥等对人体的伤害，提高作业质量等。

农业机器人的特点

在农业机器人的研究方面，日本处于世界领先地位。但是，由于农业机器人所具有的技术和经济方面的特殊性，还并没有普及推广。农业机器人有以下特点：

一、农业机器人一般要求边作业边移动。

二、精度要求较高。比如水稻插秧机器人要求其相对和绝对误差不超过15厘米。

三、农业领域的行走不是连接出发点和终点的最短距离，而是具有狭窄的范围、较长的距离及遍及整个田间表面的特点。

四、使用条件变化较大。如气候的影响；在道路不平坦和在倾斜的地面上作业时，还须考虑左右摇摆的问题等。

五、价格问题。工业机器人所需的大量投资由工厂或工业集团支付，而农业以个体经营为主，如果机器人不是低价格，

就很难普及。

六、农业机器人的使用者是农民，不是具有机械电子知识的工程师。因此，农业机器人必须具有高可靠性和操作简单的特点。

农业机器人种类

现在已经开发出来的农业机器人种类很多，按照作业对象的不同，通常可以分为四类：

第一类，可完成各种繁重体力劳动的农田机器人，比如插秧、除草及施肥、施药机器人等。

第二类，可实现蔬菜水果自动收获、分选、分级等工作的果蔬机器人，比如采摘苹果、采蘑菇、蔬菜嫁接机器人等。

第三类，可替代人养牲畜、挤牛奶、剪羊毛等工作的畜牧机器人，比如牧羊、喂奶及挤奶机器人等。

第四类，可代替人实现伐木、整枝、造林等工作的林木机器人，比如林木球果采集、伐根清理机器人等。

农业机器人的特点

农业机器人与工业等领域的机器人有很多共同之处，又有明显不同。

农业机器人的作业对象具有娇嫩性和复杂性。它工作时具有特定的位置和范围，通常必须要同时实现作业和移动。作业对象的形状复杂，相互之间生长发育差异很大，所以要求其必须具有灵活处理问题、实现合理避障和降低损失率的能力。

农业机器人的作业环境具有易变性和难预测性。时间和空间的变化导致其作业对象生长环境的变化，所以要求农业机器人要有足够的适应能力，在视觉、推理和判断等方面具有非常高的智能。

农业机器人的使用对象和价格具有特殊性。其使用者是农民，这就需要农业机器人必须具有可靠性高和操作简单等特点。同时，由于农业的弱质性和农民的弱势性，因此农业机器人的制造成本一定要尽可能低，否则很难普及。

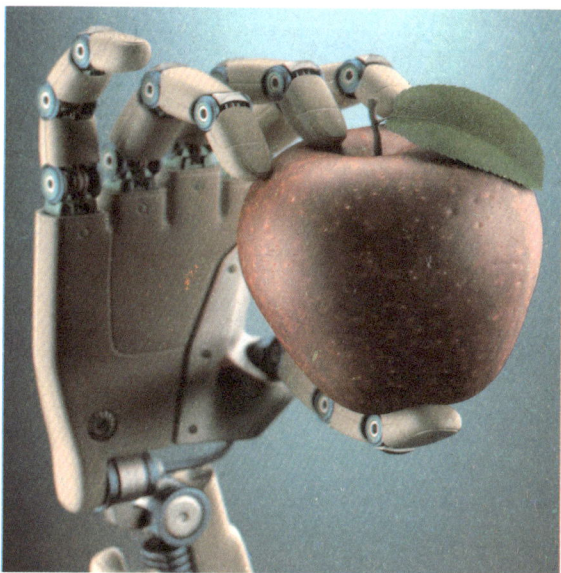

农业机械化水平是一个国家农业现代化水平的重要标志，而农业机器人技术则更能反映一个国家的农业机械化科技创新水平。随着各个国家不断加大对农业机械化发展的扶持力度，农业机器人也必将成为未来农业技术装备研发的重要内容。

发达国家农业机器人发展

发达国家对农业机器人的研制起步早、投资大、发展快，这些国家农业的规模化、多样化、精确化和设施农业的快速发展，有效地促进了农业机器人与其他智能化农业机械的发展。

自20世纪80年代开始，发达国家根据本国实际情况，纷纷开始对农业机器人进行研发，并相继研制出了嫁接机器人、扦插机器人、移栽机器人和采摘机器人等多种农业生产机器人。

比如：澳大利亚的剪羊毛机器人；荷兰的挤奶机器人；法国的耕地和分拣机器人；日本和韩国的插秧机器人；丹麦的农田除草机器人；西班牙的采摘柑橘机器人；英国的采蘑菇机器人。

还有一种多用途、低成本的温室机器人样机，无需人工帮助，就可以在温室环境下，进行精准施药和精准施肥作业，样机的劳动生产率达到每小时400至500株。

由于农业机器人对农业带来明显的经济效益，东南亚一些国家对农业机器人的研发也表示出较大兴趣。总体看来，在农业机器人的研发方面，日本居世界领先地位，研制出了用于番茄、黄瓜、葡萄、柑橘等水果和蔬菜收获的多种可用于农业生产的机器人。

　　但是，由于农业生产环境、作业对象及使用者等因素与工业生产领域的截然不同，发达国家研发成功的农业机器人还未实现商品化生产和大面积普及。

　　进入21世纪后，农业劳动力不断向其他产业转移，农业劳动力的结构性短缺和日趋老龄化逐渐成为了全球性问题。随着设施农业、精确农业和高新技术的快速发展，特别是人工作业成本的不断攀升，为农业机器人的进一步发展提供了新的动力和可能。

　　由于蔬果采摘不仅季节性强、劳动量大，而且作业费用高，人工收获的费用通常占全程生产费用的50%左右，因此，采摘机器人在日本、美国、荷兰等国家有了初步应用。

在日本，有科学家研发了一种用于收获莴苣的3自由度机器人，该机器人基于机器视觉和模糊逻辑控制原理，包括3自由度机械手、末端执行器、莴苣传送带、吹风机、机器视觉装置、6个光电传感器以及模糊逻辑控制器等部分。该机器人的收获成功率为94.12%，平均收获周期为1个/5秒。

还有一些科学家开发出了移动式水果分级机器人，该机器人利用电子计量系统和机器视觉系统来获得田间果实的重量、尺寸、颜色、外形、缺陷等果实品质指标，并且记录产地、收获时间等相关信息，以此信息源为基础建立作物的产量和品质地图，为田间生产作业提供科学决策。

随着社会步入信息化时代，机器人越来越智能化、网络

化、数字化，发达国家部分地区实现了农业现代化。美国是世界上农业生产技术水平最高、劳动生产效率最高、农产品出口量最大、城市化程度最高的国家之一，农业成为美国在世界上最具有竞争力的产业，也让美国成为世界上唯一的人均粮食年产量超过1000千克的国家。

在2015年，美国威斯康星州举行了一场农业科技展，现场不仅能够看到大型收割机、农用直升机，而且参观者还能亲自尝试并与其他同业探讨最先进的农业科技，包括能够连接至云端进行分析、改善农作物产量的传感器，以及能够分担劳动的机器人。

在美国，一批新型机器人正准备大举进军农耕领域，例如有一种能在玉米丛中窜来窜去的小型机器人，可以在夏季末开始播种，甚至在成熟的玉米收割之前就可以播种。还有一种挤

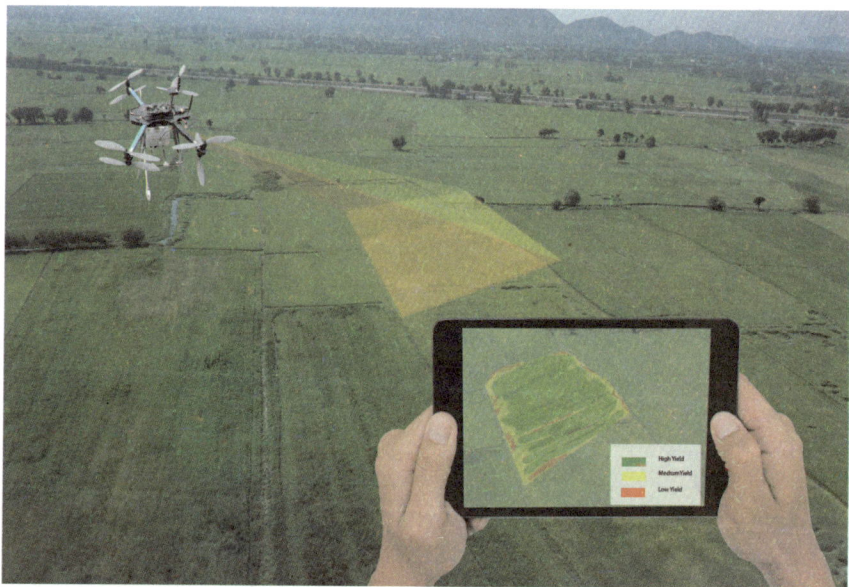

牛奶机器人也崭露头角，但价格仍非常昂贵。

中国农业机器人的发展

中国的农业机器人研发起步晚、投资少、发展慢，与发达国家相比差距还很大，还处于起步阶段。到20世纪90年代中期，国内才开始了农业机器人技术的研发。

中国农业大学是中国农业机器人技术早期研发单位之一，研制出的自动嫁接机器人成功地进行了试验性嫁接生产，并解决了蔬菜幼苗的柔嫩性、易损性和生长不一致性等难题，可以用于黄瓜、西瓜等幼苗的嫁接，形成了具有自主知识产权的自动化嫁接技术。

随后南京农业大学、东北林业大学等其他高校和科研院所也相继开展了相关研究，并且随着中国工业化、城镇化和现代化的快速发展，中国农业机器人的研发范围也逐步扩大。

随着中国科技的进步，我国在耕耘机器人、除草机器人、施肥机器人、喷药机器人、蔬菜嫁接机器人、收割机器人、采摘机器人等方面均有研发。

此外，东北林业大学还研制出了林木球果采摘机器人，它的应用有望缓解我国的森林资源危机，改进我国的森林资源利用方式。

但是，研制出来的农业机器人大都只针对于农业生产某一环节的某一项作业。农业生产的特征之一是季节性强，这就造成了农业机器人的使用效率低，间接地增加了农业机器人的成本，使其性价比不能满足市场的需要，成为了制约农业机器人商业化和进一步研究应用的瓶颈问题。

比如采摘机器人，由于草莓、黄瓜等经济作物生产的季节性问题，如果采摘机器人只能用于一种农作物的采摘，那么该机器人一年工作的时间非常有限。只有当农业机器人的生产成本低于人工收获成本时，农业机器人才能够得到推广，这无疑对农业机器人的成本控制提出了较高的要求。

随着中国科技和经济的快速发展，尤其是国家不断地加大对农业机械化发展的扶持力度，中国农机化事业进入了前所未有的良好发展时期，这也为农业机器人提供了良好发展机遇。同时，农业机器人技术的先进性和先导性，决定了其必将成为未来中国农业技术装备研发的重要内容之一。

拓 展 阅 读

在2016年3月，河南省永城市农业局植保站从合肥多加农业科技有限公司引进了10台3WYP—50型植保机器人，让机器人在现代农业中大显身手。耕种者指着麦田里正在喷洒农药的植保机器人说，就是这么个高科技的新鲜玩意，有了它，不用费事就能够完成以往繁琐的植保农事，简直是如虎添翼啊！

农业机器人关键技术

农业机器人必须具有的感觉、决策等高智能功能与其自身的构成，决定了它具有三种特性：程序性、适应性和通用性。程序性是指改变指令集，就能够实现基准和动作顺序等的变更；适应性是指即时地结合客观环境与机械本身的情况，实现作业量或质的调整；通用性是指通过部分软硬件的改变即可实现功能的变换。

农业机器人是复杂的高智能化农业技术设备，集机、电、光等多学科高新技术于一体，面临着是非结构、不确定、难以预估的复杂工作环境和作业对象，关键技术主要包括以下几个方面。

智能化连续运动控制技术

在田间作业时，农业机器人置身于复杂的三维空间内。由于存在地面不平、意外障碍、大面积范围定位精度、机器人振动以及自然环境恶劣等问题，使其移动和精确定位变得相当复杂。

通常都采用陀螺罗盘、雷达、激光束以及卫星定位系统等导航设备，进行路径规划与避障、探测定位和控制运行，以确定农业机器人本体位置和行走方向，从而保证其能够自主行走。针对路面不平坦和倾斜等问题，科学家正在研究使用人工神经网络、模糊控制等人工智能控制方法加以解决。

一些科研人员开发了一套机器视觉系统，用于确定稻田微型除草机器人的行走路线。还有些科研人员开展了温室轮式机器人的视觉定位方案研究，采用了菊花链式方法建立几何模型，用来确定目标物的位置坐标以及机器人本体位置。

位置准确感知和定位

农业机器人多数在室外工作，比如温度、光线、颜色及风力等时刻在变化，这些因素要求机器人必须要有较高的适应性。它的作业对象是果实、禾苗、家畜等离散个体，形状和生

长位置具有随机性。

农业机器人的机械手必须具有敏感和准确的作业对象识别功能，行动时自由度必须足够多，可以对目标的随机位置及时感知，并基于位置信息对机械手进行位置闭环控制。

荷兰瓦赫宁根大学的vanHenten教授等人在果蔬采摘机器人的机械手运动控制方面开展了大量研究。他们开展了黄瓜采摘机器人的无碰撞运动规划研究，程序分为两部分：机器人工作环境的感官信息获取；末端执行器与黄瓜之间无碰撞运动路径的生成。

该无碰撞运动路径能够用于黄瓜采摘机器人的7自由度机械手的实际作业，运动路径规划采用了A3-查询算法，比较易于实现，且鲁棒性强。但是，该算法计算周期较长，且不能满足单个采摘动作周期的要求。

vanHenten等针对水果采摘机器人开发出了线路径规划和控制方法，该方法在路径行程和避障方面的时耗近乎最小，能够解决更多实际问题，且该方法的可行

性得到了试验验证。

他对温室黄瓜收获机器人机械手的运动结构进行了优化设计，并提供了一种评价和优化该运动机构的客观方法。这个优化结果发现，4臂4自由度PPRR机器手最适合于温室黄瓜的收获。

机械手和形态控制

对于桃子、蘑菇等类型的娇嫩对象或蛋类等脆弱产品，要采用柔软装置合理控制机械手的抓取力度，以适应抓取各种形状，避免在传送和搬运过程中发生损伤现象，以减少损失和保证品质。

Tanner等研究了农业机器人移动多机械手作业处理软性物料时的运动学和动力学特性，并在Kane方法的基础上建立了机械手的运动方程模型，具有算法简单，可物理识别、速度模拟、方向控制等优点，机械稳定性高，且能较好地控制机械手的非完整运动，可适用于任意形状的软性农产品物料，以防止机器人作业时对农产品造成损伤。

Cho等研发的莴苣收获机器人，利用模糊逻辑控制技术，可根据莴苣自身特性确定末端执行器的合适抓力，控制器以莴苣的叶面指标和高度为输入变量，电压为输出变量。

目标分类与智能控制

农产品采摘、分选过程中须要依据颜色、形状、尺寸、纹理、结实程度等特征，对其成熟程度或品质进行分类，然后对符合采摘条件的果实进行采摘。

采用机器视觉技术，可以准确识别育苗种子发芽情况和柑橘成熟度。农产品的特征极其复杂，进行数学建模比较困难，农业机器人可在人工辅助，比如模糊逻辑、神经网络和智能模拟技术等条件下进行自学，并记忆学习结果，形成自身处理复杂情况的知识库。

机器人自动控制是一种时变性非常强、难于模拟的复杂系统，通常利用自适应控制技术来实现。Collewet等对农业机器人的关节空间控制进行了研究，开发出了模糊自适应控制器，并通过计算机模拟验证了该控制方法的有效性和稳定性，且该控制器能够在低端硬件上得以实现。

另外，农业机器人的工作环境一般比工业机器人要复杂，进行感知、执行和信息处理的各部件以及系统必须适应环境照明、阳光、遮挡、肮脏、燥热、潮湿、振动等影响，保持高度可靠性。

拓 展 阅 读

在2013年，澳大利亚的一片苹果园里，两个新进"员工"沿着一排苹果树小心翼翼地走动，同时检查果实是否成熟、土壤是否需要浇水或施肥。这两个"员工"分别叫做"螳螂"和"虾"，是澳大利亚农业机器人实验项目的对象，那是人们在测试其是否能完成一些简单的检查任务，并降低农场经营成本。

农业机器人未来趋势

互联网已经从高端展柜走向街头，各个领域都充斥着革新也充斥着推广，在农业领域也不外如此。然而，在飘渺而空泛的商业模式之外，或许我们应该更多关注农业技术与智能应用方面的发展，这些才是未来农业升级的趋势。

智能农业独领风骚

在世界农业大国，集体农场和私人农场是土地耕作的主流

载体。欧洲和美国的那些大农场往往有数千公顷之巨，若要保证收成，须精耕细作。

新型的模范农场在现代已见端倪，而无土栽培等室内种植正是一个微缩农场的真实写照。它的高效之处在于每一株作物都得到了恰如其分的灌溉和营养补充，不仅能削减化学物品的使用，还能取得更好的收成。

显然，这比驾驶飞机漫天撒网喷淋农药对昆虫、鸟类等生态圈的破坏要小得多。因此，农业工程师表示，无论脆弱的生态，还是严峻的全球粮食短缺问题，都再三向人们指明未来农耕的解决之道，那就是由机器人充当农民。

随着国内外对农业机器人研究开发的重视，已经研发出了多种农业机器人。根据解决问题的侧重点不同，农业机器人大

致可以分为两类：一类是行走系列农业机器人，主要用于在大面积农田中进行作业；另一类机械手系列机器，主要用于温室或植物工厂中进行。

　　不同的农业机车之间可以开始彼此"对话"了。美国约翰迪尔公司2012年出售的一种复合收割机，就能和牵引式挂车联系，并且提醒司机装载谷物。

　　德国的芬特公司也研制出了成对作业的拖拉机，其中的一台由人工操作，另一台自动驾驶，在边上模仿第一台的动作。这套系统可以有效地将农民在田野中的劳作时间减半，而这还仅仅是开始。

　　由于领土广阔及工业技术先进，美国研究的重点在于行走

式农业机器人，在理论与技术上都比较成熟。典型代表是美国新荷兰农业机械公司发明的多用途自动化联合收割机器人，很适合在美国一些专属农垦区的大片规划整齐的农田里收割庄稼。

支持者认为，高科技的农用机器人开发，能够缓解劳工短缺等问题，带来革命性力量，不过反对者也宣称，这可能导致失业率进一步上升，同时农产品安全无法确保。

在2014年5月，一群来自硅谷的工程师在加利福尼亚州萨利纳斯谷的生菜田内，试验了一台高科技的间苗机，整个过程全部由电脑软件操控完成。

这台间苗机被命名为"生菜机器人"，主要用于为生菜幼苗间苗。在农作物种子出苗过程中或完全出苗后，采用机械、人工、化学等人为的方法去除多余部分的幼苗的过程称为间苗。一般来说，需要20名工人人工完成的间苗工作，这种机器能在相同时间内完成。

在2015年，由悉尼大学Sukkarieh教授带领的研究团队开发出了"瓢虫"农场机器人。该机器人首次实地作业，在新南威尔士州一片种植洋葱、甜菜和菠萝的农场上进行。

Sukkarieh教授称，机器人能够实现自动化驱动，在每列田地间自如运作。其数据收集感应器包括激光、摄像头、高光谱镜头等，通过提供有价值的信息帮助种植者们了解他们农场的作物状态。

日本是农业机器人研究最早，同时也是市场发育最为成熟的国家之一。日本已经研制出了育苗机器人、扦插机器人、嫁

接机器人、番茄采摘机器人、葡萄采摘机器人、黄瓜采摘机器人、农药喷洒机器人、施肥机器人和移栽机器人等多种农业生产机器人，在理论与应用方面都居世界前列。

其他国家农业机器人研究与应用方面比较有代表性的有：澳大利亚发明的牧羊犬机器人，能在农场上代替传统的放牧劳力；德国农业专家采用计算机、全球定位系统和灵巧的多用途拖拉机综合技术，研制出可准确施用除草剂的除草机器人；法国发明的专门服务于葡萄园的机器人几乎能代替种植园工人的所有工作，包括修剪藤蔓、剪除嫩芽、监控土壤和藤蔓的健康状况等。

农业机器人发展方向

在新型的模范农场里，精确是关键。如果能将化学物质准确地喷洒到需要的作物上去，那何苦还要在整块土地上施药呢？在将来，每一株作物都能够得到恰好的投入，不多也不少，这样不但能削减化学物品的使用，还能取得更好的收成。

但是，这说起来容易做起来难，欧洲和美国的那些大农场往往有数千公顷之巨，要对它们进行精确耕种，自动化就成了关键。具体来说，农业工程师指出，要精确耕作，就得由机器人充当农民。

或许用不了多久，一些农业机器人就能够认出一株株秧苗，并且用适量的化肥和水滴来促进它们生长。而另一些农业机器人则会识别出杂草，然后用一小滴除草剂、一把喷火枪、或者一束高能激光来将它们铲除。不仅如此，这些机器人还能够认出各种成熟的蔬菜，并且收割下来。

机器人还会给其他方面带来剧变，比如在农业工种上、在我们耕作的方式上、在土壤和土壤质量上以及在农耕中投入的能量和碳含量上，它们能够降低污染，减少水的使用。

不过对普通人来说，最显著的或许还是耕地外观的变化。有了机器人的参与，庄稼就可以在精心划分的小型农田里种植，果园里则会长满一列列二维形状的树木。不仅如此，机器农民甚至可能对端上餐桌的果蔬种类造成影响呢！

下一代的自动化农业机器已经在田野中忙碌开来。这些机器人都扮成了拖拉机的样子。这些"拖拉机"，有许多都是自动驾驶的，它们依靠GPS导航穿过田野，还能对自己的零件

"说话"，而这些零件，比如一把犁、一只喷雾器等，也能向拖拉机"回话"。

英国哈珀亚当斯大学学院研究农业技术的西蒙·布莱克摩尔举例说："比如一部除草机就能告诉拖拉机'你开得太快了'或者'向左开'。"他还表示，这类系统正在成为标准配置。

在未来，还会有轻型机器人，有了这样的轻型机器人，犁地就再也没有必要了，由此可以大大降低能耗，也能降低农耕中排放的二氧化碳。当土地不再紧实，土壤就能保住原有的结构，留住有益的生物。它们还能吸收更多的水分，肥力保持更久。

具有这些能力的自动机器人已经开始在田野试验中展现气概了。它们需要具备的关键能力有三种：能自动行驶，能分析眼前的场景，还能帮助农民烧掉野草、喷洒农药或者收割庄稼。

其中导航系统还是最简单的部分，特别是在有了高精度的卫星导航技术之后。这种技术能够使机器将自己的位置确定在2厘米之内，由德国应用科学大学的阿诺·鲁克肖森研发，目的是为一款叫做"BoniRob"的模块式农业机器人导航。

BoniRob的外形像一辆四轮越野车，利用几台光谱成像仪来区分绿色的作物和褐色的土壤。它能记下每一株作物的位置，并在生长季中一次次返回原地观察它们的生长。

人工智能对农业的影响

随着市场经济体制的推进，农业生产也遇到了新挑战与新机遇。因此，只有农业生产的自动化才能满足这些挑战。其将在作物培育、防治病虫害以及农业资源分配方面发挥显著作用，对未来农业发展带将来深远影响。

人类如何养活自己一直是一个棘手的问题。进入智能化时代以来，人口数量不断膨胀，2050年世界人口总数或将接近100亿。这意味着同样的土地必须养活更多的人口。加之全球变暖以及水资源短缺对农业带来的影响，势必对人类养活自己造成不小的麻烦。

或许可以说是人类进化的偶然，但也是时代发展的必然，机器人技术无可避免地来到我们面前。真正智能化的机器人技术以及机器学习算法为人类社会带来了新的农业革命，我们可以称之为新的"绿色革命",技术的发展有助于帮人类养活自己。

太空中的卫星可以帮助探测气候是否会出现干旱;田间的拖拉机可以观察种植物并剔除不良作物;而基于人工智能的智能手机应用可以实时告诉农业人员什么疾病正在对农作物产生影响。

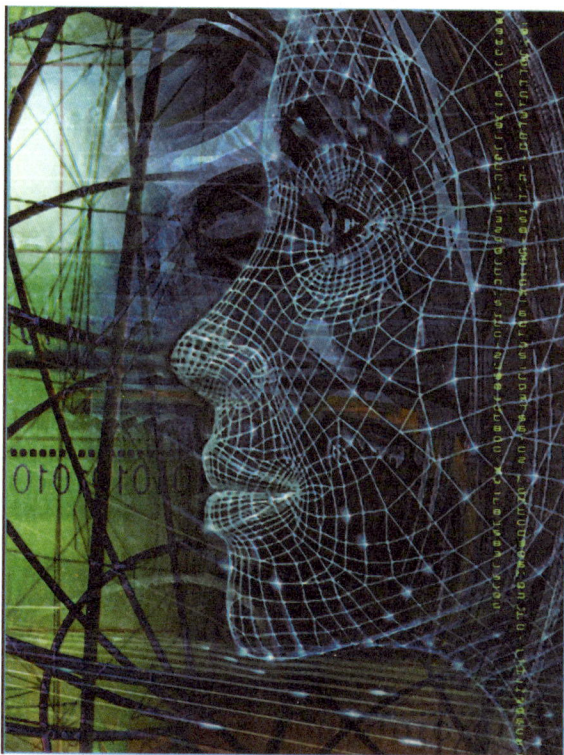

深度学习是计算机行业的创新方式。通过深度学习,程序员不用明确告诉计算机需要做什么,而是训练机器识别特定的模式。在现代深度学习技术已经应用于园艺技能,人们可以在计算机中输入患病作物叶子以及健康作物叶子的相关照片,通过深度学习算法计算机可以识别出现实中哪些作物是健康的。

生物学家戴维·休斯和作物流行病学家马塞尔·萨拉斯希望将这种人工智能算法应用于他们开发的手机应用。该手机应用可以让世界各地的农民上传患病作物照片,并会有农业专家对此做出相应的诊断。休斯和萨拉斯将通过导入更多的患病作物照片，使这种人工智能算法更为聪明可靠。

美国农业机器人公司针对生菜种植提出了一种新的解决方式。其开发的农业机器人LettuceBot外观与田间的拖拉机没有什么两样，但却是一个智能化的机器人。

LettuceBot机器人帮助农民减少了90%的化学药剂使用，为农业带来了显著改变，而且它服务的生菜种植面积占到美国生菜种植的10%左右

LettuceBot功能之所以强大，是因为它将机器学习技术与机器固有的操作精确优势相结合。机器人或许不能够像人类一样在田间劳作，但是作物管理方面却有着不可比拟的精度优势。

拓 展 阅 读

一家位于南加州的西班牙机器人研发公司测试了一款草莓采摘机。该机器拥有24支机械手臂，通过光学传感器驱动，可根据果实的颜色、大小和质量选择是否采摘。采摘后的草莓被放上传送带，由工人负责装箱。不过，这种草莓采摘机器人也有一个缺陷，只能采摘靠近田地一侧的草莓。

番茄智能采摘机器人

在农村，机器人能够种植树木、灌溉田地、采摘水果、收割庄稼、挤牛奶、剪羊毛、喂牲畜等，它们披星戴月，耕云播雨，成为了第一代"铁农民"。

日本番茄采摘机器人

日本的果蔬采摘机器人研究始于1980年，那时川村等研究人员便开展了番茄采摘机器人的研究。他们利用红色番茄与绿

色番茄的差别，采用机器视觉对果实进行判别，研制了番茄采摘机器人。

　　该机器人有5个自由度，对果实进行三维定位。由于不是全自由度的机械手，操作空间受到了限制，而且坚硬的机械手容易造成果实的损伤。

　　日本冈山大学的一名教授研制的番茄采摘机器人，由机械手、末端执行器、行走装置、视觉系统和控制部分组成。用彩色摄像头和图像处理卡组成的视觉系统寻找和识别成熟果实。由于番茄的果实经常被叶茎遮挡，为了能够灵活避开障碍物，就采用了具有冗余度的7自由度机械手。

　　为了不损伤果实，其末端执行器设计有2个带有橡胶的手指和1个气动吸嘴，把果实吸住抓紧后，利用机械手的腕关节把果实拧下。行走机构有4个车轮，能够在田间自动行走，利用机器人上的光传感器和设置在地头土埂的反射板，可以检测是否到达土埂，到达后自动停止，转向后再继续前进。

该番茄采摘机器人从识别到采摘完成的速度大约是1个15秒，成功率在70%左右，成熟番茄未采摘的主要原因是其位置处于叶茎相对茂密的地方，机器手无法避开叶茎障碍物等。因此，需要在机器手的结构、采摘工作方式和避障规划方面加以改进，以提高采摘速度和采摘成功率，降低机器人自动化收获的成本，才能够达到实用化。

在2015年，日本松下公司开发了一款番茄采摘机器人，搭载其自产的图像传感器，能够实现番茄的无人采摘。此机器人在日本农户进行了试用，松下希望进一步提高其传感器性能，最终实现商品化，并在其公司的植物工厂

内使用这款机器人。

该番茄采摘机器人使用的小型镜头能够拍摄7万像素以上的彩色图像。首先通过图像传感器检测出红色的成熟番茄，之后对形状和位置进行精准定位。机器人只会拉拽菜蒂部分，而不会损伤果实。在夜间等无人时间段也可以进行作业。

采摘篮装满后，就会通过无线通信技术通知机器人自动更换空篮。能够对番茄的收获量和品质进行数据管理，更易于制定采摘计划。后来研发的新型号机器人采摘1颗番茄需要花费20秒左右，松下进一步提高了传感器性能，采摘速度提高到了3秒一颗。

随着人口老龄化和人手不足，日本农户对农业机器人的需求进一步增加，松下公司运用掌握的传感器等技术进入了植物工厂等农业领域，希望将农业领域培育成新的收益来源。

采摘机器人的感知技术

果蔬采摘机器人最大的难点之一，是全程自主信息获取。基于多视觉传感器融合的果实信息获取系统，利用可见光远景图像识别技术解决了

机器人自主导航问题。利用近红外双目立体视觉系统实现了果实三维信息获取。利用可见光近景图像实现了果实精确抓取、切割。

　　果实的正确识别率和采摘成功率均达95%以上，平均采摘速度1个14.8秒。该技术作为原创成果应用到黄瓜、番茄、草莓等采摘机器人中，得到了可靠的应用，达到了国际先进水平。

　　果蔬采摘机器人最大的难点之二，是果实与茎叶颜色相近、枝叶遮挡等。基于近红外图像的近色系生物信息图像识别技术，实现了温室环境下果实信息的有效感知与获取。

　　这一核心问题的解决使自然光照条件下果实信息获取成为了可能，该技术作为原创成果应用到黄瓜、番茄、草莓等采摘机器人中，也得到了可靠的应用，达到了国际先进水平。

果实的提取和匹配是番茄采摘机器人进行番茄定位和采摘的基础。为了解决获取图像中多个成熟番茄粘连或被遮挡的情况下果实的提取和匹配问题，使用了局部极大值法和随机圆环变换检测圆算法结合进行目标提取，再使用SURF算法进行了目标匹配的算法。

该方法首先基于颜色对番茄进行分割提取，再使用局部极大值法对番茄个数进行估计，结合番茄区域面积进行半径估计，之后通过随机圆环变换算法检测番茄中心和半径进行目标定位，再使用SURF算法进行双目目标匹配的算法。

这在一定程度上解决了复杂自然环境下，多个番茄的提

取和图像特征匹配的问题，并通过试验验证了其有效性和准确性。

果蔬采摘机器人难点之三，是采摘机械臂的灵巧视觉伺服与机械手的柔度控制。具有自主知识产权的轻型智能关节机械臂、柔性采摘机械手，实现了快速、准确、无损伤果实的抓持和分割动作。该技术作为原创成果应用到黄瓜、番茄等采摘机器人中，得到了可靠的应用，达到了国际先进水平。

其硬件主要包括执行系统、感知系统、控制系统和供电系统，执行系统中真空吸盘装置使果实从果束中分离，手指夹持机构对番茄可靠抓持，果梗切断装置利用激光对果梗进行切断。该末端执行器设计质量为1.2千克，完成一次采摘动作只需3秒。只需更换联接板，即可与其他机械手顺利联接。

　　果蔬采摘机器人难点之四，是全天候自主导航运动。当基于机器视觉采摘机器人自主导航控制技术，建立了温室环境下导航系统光照分析模型，有效地解决了导航系统受光线干扰问题，就提高了不同光照条件下适应性和稳定性，实现了机器人全天候自主导航运动。

　　为了实现番茄采摘机器人作业时，能够将目标果实从果束中分离，设计了以微型静音空气压缩机和集成式真空发生器为主体的真空吸盘装置，并依据供气压力、负压关系、吸盘拉脱力和真空吸着响应时间测定结果，确定了其控制策略。

　　真空吸盘装置平均单次作业的时间和空气消耗量分别为1.5秒和0.6升，拉动果实实现35毫米水平位移的成功率达92%，空气压缩机功率可以满足每小时采摘360个的需要。

拓 展 阅 读

　　在2014年4月，以"绿色、科技、未来"为主题的第十五届中国国际蔬菜科技博览会在山东寿光拉开帷幕。那次菜博会设了12个展馆，共展出蔬菜2000多种，参展商来自国内28个省区市及20多个国家和地区，参展范围涉及农业生产各个领域。

葡萄智能采摘机器人

设施农业已经成为了农业增效和农民增收最直接、最有效的途径之一，但温室内工作环境恶劣，急需开发相关的机械化作业装备。温室内的茄果类和瓜果类的年栽培期可长达9个月以上，采摘劳动强度大，非常有必要开发该类果蔬的采摘机器人，特别是其利用率远远高于大田或果园的果蔬自动化采摘装备，经济效益显著。

葡萄机器人的发展

最早的机械采摘方法是采用机械振摇式和气动振摇式，但果实容易损坏，效率不高，而且容易摘到不成熟的果实。随着科学技术的发展，农业机器人在国外迅速发展起来。

自从20世纪60年代，美国提出了用机器人采摘果实之后，采摘机器人的研究受到了广泛重视。1983年第一台采摘机器人在美国诞生，在后来的20年里，日本及欧美等国家相继研究了采摘苹果、柑橘、番茄、葡萄和西瓜等智能机器人。

我国采摘机器人的研究起步虽然比较晚，但也逐步发展了起来。比如，中国农业大学的张铁中等人对草莓收获机器人进行了试验性的研究；东北林业大学的陆怀民研制了林木球果采摘机器人；上海交通大学进行了黄瓜采摘机器人的研究等。在现代比较典型的农业机器人有番茄采摘机器人、草莓采摘机器人、葡萄采摘机器人及林木球果采摘机器人等。

采摘机器人作为农业机器人的一种类型，在日本、美国、荷兰等国家已经有了研制和初步使用，主要用于采摘番茄、黄瓜、草莓、葡萄、西瓜、甜瓜、苹果、柑桔、甘蓝等蔬菜和水果，具有很大的发展潜力。

日本冈山大学研制出了一种用于果园棚架栽培模式的葡萄采摘机器人，葡萄采摘机器人的机械部分是一只具有5个自由度的极坐标机械手，末端的臂可以在葡萄架下水平匀速运动，能够有效地工作。视觉传感器一般采用彩色摄像机，若采用维视觉传感器效果会更佳，可以检测成熟果实及其距离信息的三

维信息。

　　由于葡萄采摘季节很短，单一的采摘功能会使机器人的使用效率降低，为提高其使用率，可以更换不同的末端执行器，以完成葡萄枝修剪、套袋和药物喷洒等作业。

葡萄采摘的视觉系统

　　采摘机器人形式多样，但主要由机械手、末端执行器、视觉系统、控制系统与行走系统等部分组成。视觉是人类最重要的感觉之一，人们从外界环境获取的信息中，百分之七十以上是由视觉完成的，因此视觉信息处理是信息研究的核心任务之一。

　　机器人视觉就是给机器人装上视觉传感器，模拟人的视觉功能，从图像或图像序列中提取信息，对客观世界进行形态识别，使机器人完成许多艰巨的任务。

视觉传感器主要由彩色摄像机来寻找和识别成熟的葡萄，利用双目视觉方法对目标进行定位。收获时，由视觉系统计算采摘目标的空间位置，接着采摘机械手移动到预定位置，进行采摘。然后利用RSSI定位导航功能，对葡萄进行采摘。

葡萄自主导航机器人使用RSSI定位技术对葡萄树进行定位，使用特征提取方法对葡萄的成熟度进行判断。其具体采摘过程为，使用RSSI定位技术首先对装有无线传感器的葡萄树进行定位，然后利用机器视觉系统对葡萄的成熟度进行判断。如果满足采摘条件，则通过机械手对葡萄进行采摘。如果不满足采摘条件，则继续对其他葡萄进行定位。

葡萄机器人末端执行器

机械臂安装在移动小车上，距离地面400毫米左右。对于葡萄机器人的设计综合考虑了机械臂的操作空间、冗余空间、姿态灵活性等因素，采用了5旋转自由度和1移动自由度的方案。

为了便于研究和表述，对机械臂各部分结构名称做了统一规范，依据人手臂分别命名为腿部、躯干、大臂、小臂、关节部分。根据关节轴线方向相应命名为移动、腰扭、肩转、肘转。

葡萄采摘机械在进行作业时，其末端执行机构的动作是模拟人的动作的，其主要动作是抓取果实，完成果实与梗的剥离。机器人执行末端可以采用柔软的复合材料作为末端执行器的材料，为了使机器人准确定位及执行末端能够准确地识别葡萄的成熟度，需要使用相关定位和图像处理方法来实现定位和识别功能。

葡萄机器人运动控制系统

通常主流的采用PC作为主控器的运动控制方式有两种：一、采用插在PC上运动控制卡对电机进行控制；二、采用CAN总线的方式来对节点上的电机进行控制。

前者成本高、控制精度高，而且实时性能好，多用于高精密的数控加工系统，但是可扩展性差，一般购买的运动控制卡都有控制轴数的限制。出于经济方面的考虑，一般采用第二种方案对电机进行控制。

机器人运动系统定位的主要过程包括设置参考点、计算机处理及得到位置坐标等。当读取坐标后，信号被以电信号的方式传送到运动系统，通过路径规划完成定位。

机器人大部分采用无线传感网络来定位，在实际作业环境中会存在较多的障碍物，因此在实际信号传播过程中，信号会产生一定的损耗。

使用农业机器人可以提高劳动生产率，解决劳动力不足的问题，可以改善农业生产环境，防止农药、化肥等对人体的伤害，同时提高作业质量。机器人应用于农业生产，特别是应用于设施农业生产过程，是农业生产向自动化和智能化发展的标志。

拓 展 阅 读

韩国庆北大学研制了苹果采摘机器人，具有4自由度，包括3个旋转关节，1个移动关节。西班牙研制了柑橘采摘机器人，由摘果手、彩色视觉效果系统和超声传感电位器三部分组成。

日本近藤等人研制出了气吸式草莓采摘机器人，针对特定栽培模式，坡面上种植、平面上种植，研制出了3种草莓采摘机器人分别进行了实验。

黄瓜智能采摘机器人

在果蔬生产作业中，收获采摘约占整个作业量的40%。采摘作业质量的好坏直接影响果蔬的储存、加工和销售，从而最终会影响市场价格和经济效益。

由于采摘作业的复杂性，国内采摘自动化程度仍然很低。国内果蔬采摘作业基本上还是手工完成。随着人口的老龄化和农业劳动力的减少，农业生产成本也将提高。因此，发展机械化收获技术，研究开发果蔬采摘机器人，具有重要的意义。

黄瓜机器人的发展

1996年，荷兰农业环境工程研究所研制出一种多功能黄瓜收获机器人。该研究在荷兰的温室里进行，黄瓜按照

标准的园艺技术种植，并把它以高拉线缠绕方式吊挂生长。该机器人利用近红外视觉系统辨识黄瓜果实，并探测它的位置。

机械手只收获成熟的黄瓜，不损伤其他未成熟的黄瓜。采摘过程通过末端执行器来完成，它由手爪和切割器构成。机械手安装在行走车上，行走车为机械手的操作和采摘系统初步定位。

机械手有7个自由度，采用了三菱公司自由度机械手，另外在底座增加了一个线性滑动自由度。收获后黄瓜的运输由一个装有可卸集装箱的自走运输车完成，整个系统无人工干预就能在温室工作。试验结果为工作速度1根10秒，在实验室中效果良好，但由于制造成本和适应性的制约，还不能满足商用的要求。

　　日本近藤等人研制出一种采用6自由度的机械手黄瓜机器人，它能在专门为机械化采摘而设计的倾斜棚支架下工作。该机器人在摄像机前面加了滤光片，可以根据黄瓜的光谱反射特性来识别黄瓜。其末端执行器上装有果梗探测器、切割器和机器手指。

　　采摘时由机械手抓住黄瓜后，果梗探测器就会寻找果梗，然后切割器切断果梗，完成采摘。采摘速度为16秒1个，成功率大概为60%，存在的问题是受到茎叶的影响大。

黄瓜机器人移动平台

　　黄瓜机器人是采摘机器人家族的典范，它是利用机器人的多传感器融合功能，对采摘对象进行信息获取、成熟度判别，并且确定采摘对象的空间位置，实现机器人末端执行器的控制与操作的智能化系统。

　　它能够实现在非结构环境下的自主导航运动、区域视野快速搜索、局部视野内果实成熟度特征识别、果实空间定位、末端执行器控制与操作，最终实现黄瓜果实的采摘收获。

　　该成果打破了传统机器人工作在结构化环境的技术屏障，是对传统机器

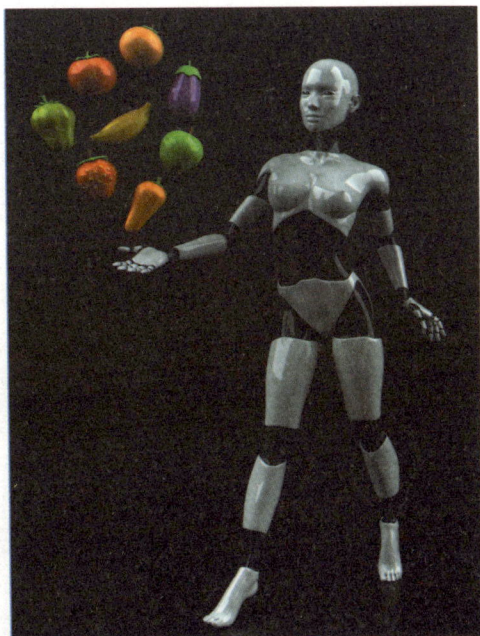

人工作模式的挑战，为农业机器人走出实验室、进入自然环境的农田作业提供了重要的理论与技术支撑。

机器人移动平台由云台摄像头、车载PC处理器、运动控制器、电机驱动器和行走机构组成。云台摄像头负责获取导航线信息，车载PC处理器能够分析图像信息、获取导航参数，由运动控制器操作行走机构进行路径跟踪，以达到在复杂环境下自主运动的目的。

在黄瓜采摘机器人系统中，机器人移动平台具有能够完成在温室环境下自主导航行走的功能，并且能够根据嵌入式系统的指令完成启动与停车动作。

双目摄像机装置

双目摄像机装置由两个近红外摄像机、两个窄带干涉滤光设备、氙气灯光源以及支架构成。其中，两个黑白摄像机采

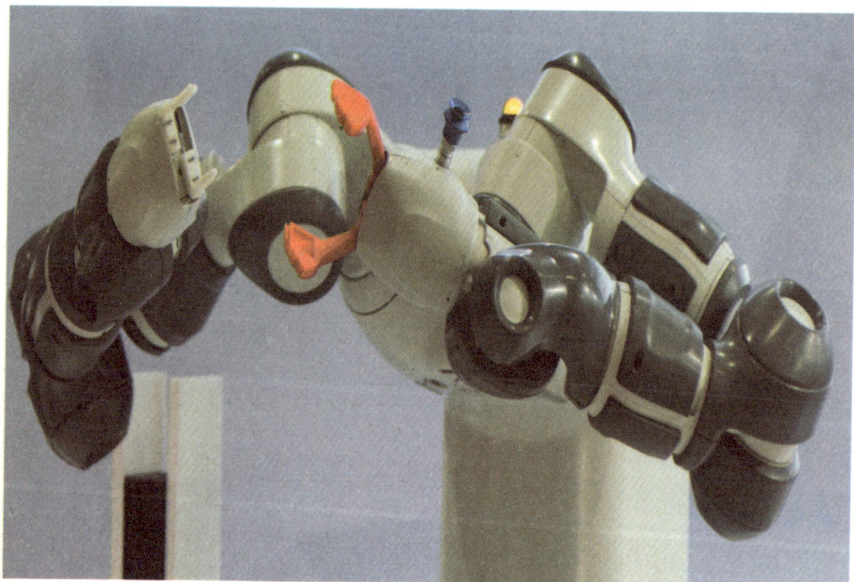

用的是美国UNIQ公司的UM-300系列摄像机。

该系列摄像机在近红外波段比普通摄像机敏感4倍。两个窄带干涉滤光设备分别安装在两摄像机镜头前，用于解决与背景颜色相近的黄瓜果实特征表征。根据黄瓜各部分的分光反射特性，选用中心波长为850±5纳米、半高宽为30±5纳米、峰值透过率大于90%的窄带干涉滤光器。

选用四光源对称阵列分布的灯光结构与自适应能量输出的直流电源模块相结合的方案，在成像范围内提供稳定的光照强度和均匀度。在黄瓜采摘机器人系统中，双目摄像机装置主要完成两路图像的采集。

机器人的嵌入式系统

机器人的嵌入式系统由两部分组成，即DSP图像处理系统和ARM控制系统。DSP图像处理系统采用TI公司的TMS320DM642作为CPU，并根据实际需求设计了两路视频采集接口以及UART接口。

ARM控制系统采用三星的ARM9芯片S3C2410作为CPU，并根据实际需求移植了LINUX操作系统。DSP与ARM之间采用

16bitHPI接口实现数据通信，其中ARM为主机，DSP为从设备。

在黄瓜采摘机器人系统中，嵌入式系统主要完成对所采集图像的算法处理以及根据计算出的三维坐标信息进行轨迹规划，并最终控制机械臂运动，完成对果实的采摘。

另外，机械臂装置由关节驱动器以及执行机构构成，各关节驱动器采用CAN总线与ARM控制系统通信。在黄瓜采摘机器人系统中，机械臂装置的各关节驱动器通过接收ARM控制系统的数据流指令，来完成具体的指令动作，并最终移动到果实处将果实采摘。

拓展阅读

2011年，"第七届南京农业嘉年华"在南京绿博园开幕，现代农业馆内展示的"摘黄瓜机器人""施药机器人"吸引了大量民众。"摘黄瓜机器人"有一双"大眼睛"和一支灵活的机械手臂，它不仅能在15秒内完成黄瓜的采摘工作，还能自己辨别黄瓜的成熟度，只采摘那些个大饱满的黄瓜。

蘑菇智能采摘机器人

蘑菇机器人介绍

英国是世界上盛产蘑菇的国家，蘑菇种植业成为其排名第二的园艺作物。人工每年的蘑菇采摘量以万吨计，盈利十分可观。为了提高采摘速度，使人逐步摆脱这一繁重的农活，英国西尔索农机研究所研制出了采摘蘑菇机器人。

1998年，英国西尔索农机研究院研制出了蘑菇采摘机器人，它可以自动测量蘑菇的位置、大小，并选择性地采摘和修剪。它的机械手包括2个气动移动关节和1个步进电机驱动的旋转关节，末端执行器是带有软衬垫的吸引器，视觉传感器采用了TV摄像头，安装在顶部以确定蘑菇的位置和大小。

采摘蘑菇机器人装有摄像机和视觉图像分析软件，用来鉴别所采摘蘑菇的数量及属于哪个等级，从而决定

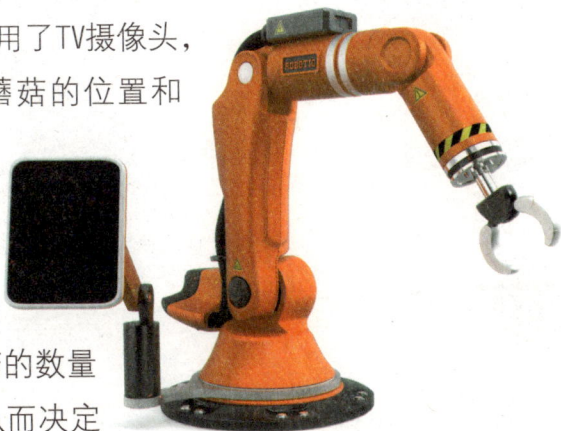

运作程序。它身上的一架红外线测距仪测出田间蘑菇的高度之后，真空吸柄就会自动地伸向采摘部位，根据需要来弯曲和扭转，将采摘的蘑菇及时投入到紧跟其后的运输机中。

采摘蘑菇机器人每分钟可以采摘400个蘑菇，每秒采摘6至7个，速度是人工的两倍。它的采摘成功率在75%左右，倾斜生长的蘑菇是导致采摘失败的主要原因。如何根据图像信息调整机器手姿态以提高成功率和采用多个末端执行器提高生产率，是其迫切需要解决的问题。

利用机器人采摘具有许多潜在的利用价值，其中包括对多次选菇、大小分级、修剪及包装的一致性等方面的改进后，可以节省大量时间。另外，在选择采蘑菇期最适合的环境，减少

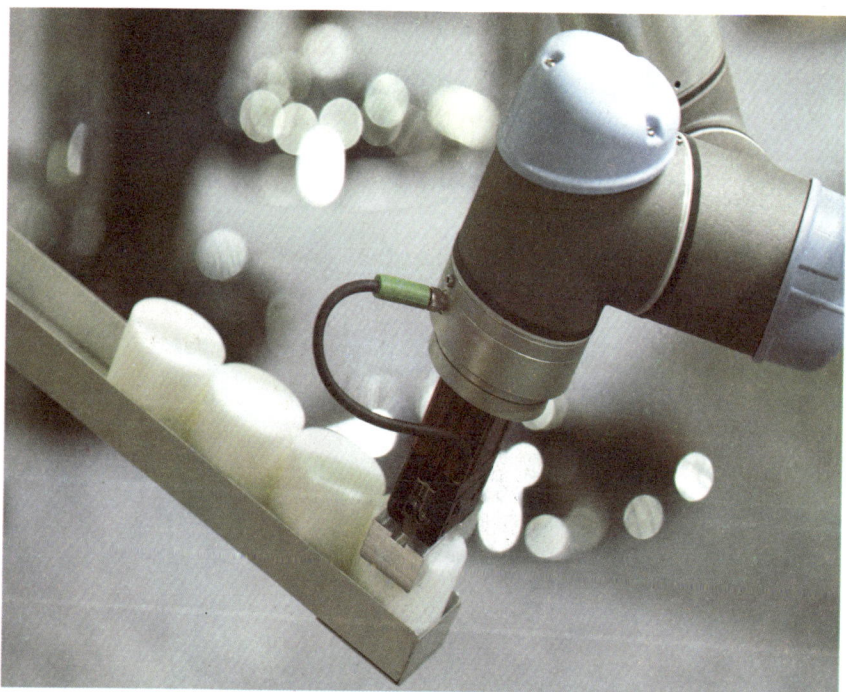

微生物侵染风险以及提高经济效益等方面，机器人采摘还有许多潜力可挖。

吸杯采菇机器人

人工采摘蘑菇是采用一种细致的、向上旋转的方法，且其能够使蘑菇倾斜以减少对菌体以及覆盖层的影响。这种方法是依赖于人们手的灵巧性，即触觉灵敏的手指与其关节的协调来完成的。

代替人的手指的方法是采用简单吸杯采菇，它是一个波纹管形杯，杯有一个锥形角，此角与蘑菇的弯曲度相吻合。杯是由硅胶制成的，在不破坏菇体的前提下，研究人员做了很多方面测试以确定杯中的真空度，因为真空度是决定应采用多大的力和扭力

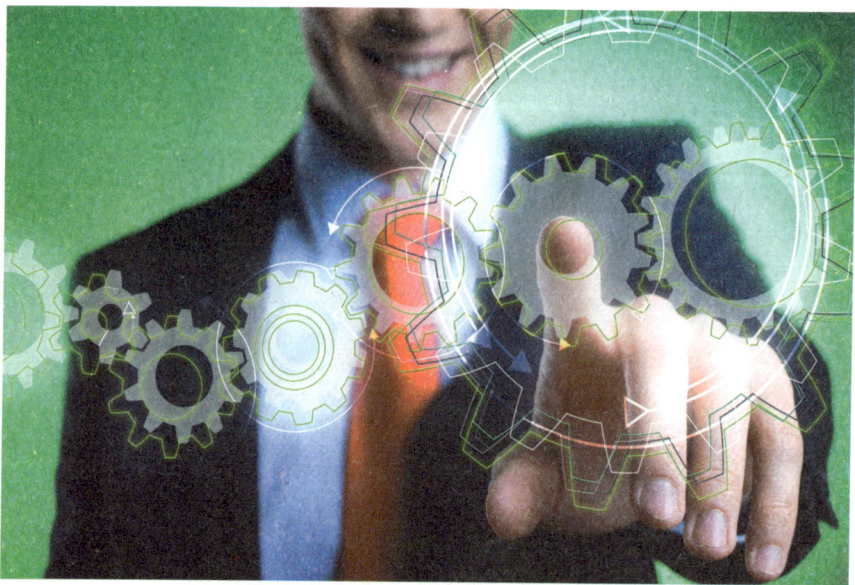

矩来分离蘑菇、以避免吸杯滑行而损坏菇体的重要因素。

为了能灵巧地进行采菇，研究人员按要求设计出了测量将蘑菇从生长床上分离出来所需要的旋转角度以及旋转力矩的测量装置，并且用于吸杯末端效应器的设计中。这种效应器在采摘过程中是使用旋转的方法。此装置在一系列采摘实验中证实了自己的自身价值。

蘑菇采摘导向系统

采用笛卡尔机器人及其吸杯末端效应器可进行视觉导向采菇。人们可通过安装在机器人工作台上的摄像机仰视菇床，俯视面积约0.25平方米。摄像机输出信息通过图像算法系统分析计算，形成各朵蘑菇所在区域以及位置的坐标资料。

这些资料被传送给机器人的控制系统后，使末端效应器下降并对准目标中的蘑菇。末端效应器配有感应器，用以监测吸杯吸上蘑菇时，真空度增大的情况，同时也可监测吸杯不能吸附蘑菇时，垂直反应力增大的情况。

这些感应器提供控制信号是，机器人要停止垂直运动，而开始旋转运动和上举运动，以分离及移开蘑菇。在末端效应器的垂直弹力装置的作用下，避免了蘑菇因碰撞而损坏。

实验证明，定位采摘单个生长的蘑菇并无困难，假如蘑菇成群生长或紧紧地簇拥在一起，菇体分离装置的旋转力矩就需变大，这将导致附近的蘑菇被转倒，或者由于吸杯的滑行而损坏菇体。

由于这些问题，研究人员研究了一种更灵活的视觉系统—

起使用，它不仅能发现并确定蘑菇的尺寸，而且还能选用一种合适的采摘方法。

例如，在蘑菇生长的地方，视觉系统会先确定蘑菇群的中心，然后确认菇体边缘的空间位置后，蘑菇将被轻轻地弯曲并移动离开中心向缝隙转移后采摘。机器人实验证明了视觉及吸杯采摘系统操作的可行性。

拓 展 阅 读

哈佛大学的工程师发明了一种宛如蜜蜂的机器人，它可以像蜜蜂一样授粉，展开灾后搜查和救助工作，是一款多功能的机器人。与此同时，英国希望能发明一款能模拟真实蜜蜂大脑的机器蜜蜂，让这种机器人能完成蜜蜂的所有工作。

林木球果采集机器人

林木球果机器人介绍

在林业生产中，林木球果的采集一直是个难题，国内外虽然研制出了多种球果采集机器人，比如升降机、树干振动机等，但由于这些机械本身都存在着这样或那样的缺点，所以没有被广泛使用。

通常在林区仍然主要采用人工上树手持专用工具来采摘林

木球果，这样不仅工人劳动强度大，作业安全性差，生产率低，而且对母树损坏较多。

为了解决这个问题，东北林业大学研制出了林木球果采集机器人。该机器人可以在较短的林木球果成熟期大量采摘种子，对森林的生态保护、森林的更新以及森林的可持续发展等方面都有着重要的意义。

林木球果采集机器人由机械手、行走机构、液压驱动系统和单片机控制系统组成。其中机械手由回转盘、立柱、大臂、小臂和采集爪组成，整个机械手共有5个自由度。

在采集林木球果时，将机器人停放在距母树3至5米处，操纵机械手回转马达使机械手对准其中一棵母树。然后单片机系统控制机械手大小臂，同时柔性升起达到一定高度，采集爪张开并摆动，对准要采集的树枝，大小臂同时运动，使采集爪沿

着树枝生长方向趋近1.5至2米。

　　然后采集爪的梳齿夹拢果枝，大小臂带动采集爪按原路向后捋回，梳下枝上的球果完成一次采摘，然后再重复这些动作。连续捋数枝后，将球果倒入拖拉机后部的集果箱中。采集完一棵树再转动机械手对准下一棵。

　　这种球果采集机器人每台能采集落叶松果500千克，是人工上树采摘的30至35倍。另外，更换不同齿距的梳齿就可用于不同林木球果的采集。这种机器人采摘林木球果时，对母树破坏较小，采净率高，对森林生态环境的保护及林业的可持续发展有益。

苹果采摘机器人

　　我国自行研制了苹果采摘机器人，该机器人主要由两部分

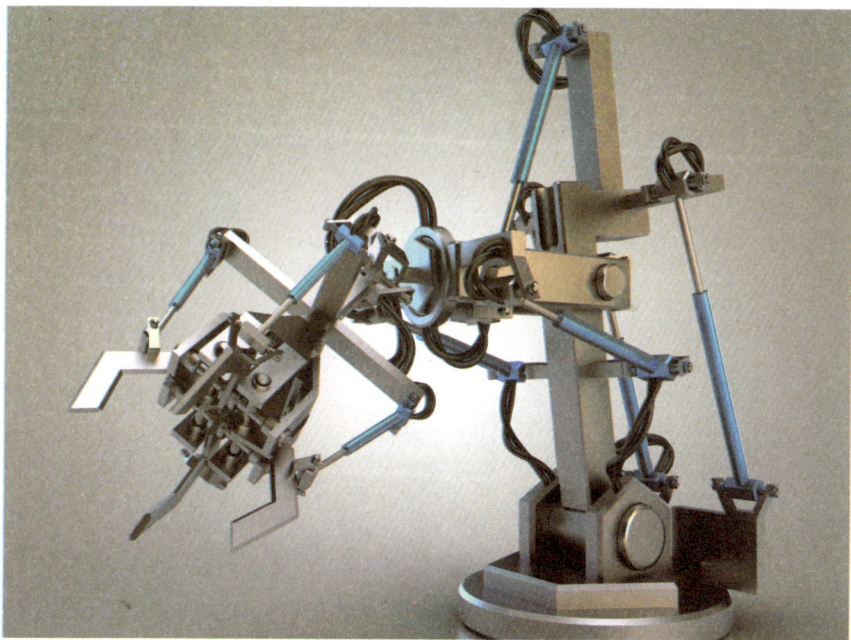

组成：2自由度的移动载体和5自由度的机械手。移动载体为履带式平台，加装了主控PC机、电源箱、采摘辅助装置、多种传感器。五自由度机械手由各自的关节驱动装置进行驱动。

该机器人为连杆式关节型机器人，机械手固定在履带式行走机构上，采摘机器人机械臂为PRRRP结构，作业时直接与果实相接触的末端操作器固定于机械臂上。机械臂第一个自由度为升降自由度，中间3个自由度为旋转自由度，第五个自由度为棱柱关节。

由于苹果采摘机器人工作在非结构性、未知和不确定的环境中，其作业对象也是随机分布的，所以加装了不同种类的传感器以适应复杂的环境。采用的传感器分为视觉传感器、位置传感器和避障传感器三类。其中视觉传感器采用Eye-in-hand

安装方式，完成确定机器人或末端操作器与作业对象之间的相对距离，工作对象的品质、形状及尺寸等任务。

位置传感器包括安装在腰部、大臂、小臂旋转关节处和直动关节首尾两端的8个霍尔传感器，以用来控制旋转关节的旋转角度和直动关节的直行进程。另外，还包括末端执行器上的2个切刀限位开关和用于提供所采摘苹果相对于末端夹持机构位置信息的两组红外光电对管。

避障传感器包括安装在小臂上、左、右3个方向上的五组微动开关和末端执行器前端的力敏电阻，以求采摘机器人在工作过程中能够有效躲避障碍物。

日本果林采摘机器人

日本在采摘机器人的研究方面进展很快。比如，由日本久

保田试验开发的柑橘采摘机器人。因为柑橘树很大，该机器人在移动台车上安装了可升降悬臂，在悬臂前端的基座平台上安装了机械臂。

机械臂为三自由度垂直多关节型，小臂和大臂等长，末端执行器像直动关节一样沿直线运动。采用这样的机构，机械臂不会像一般极坐标型关节一样伸向背后，从而避免与背后的果树发生干扰。

在工作时，频闪光源发光，末端执行器内部的摄像机开始采集图像、检测果实，然后机械臂靠近果实，用吸盘吸引目标果实，将目标果实吸入梳状罩，使其和其他果实分开，由理发推子形状的切刀将果梗切断。

日本冈山大学研制了高架栽培草莓采摘机器人，采用三自由度直角坐标型机械臂作业，也有两种末端执行器。旋转式末端执行器为了补偿视觉传感器的位置误差，采用了送风机吸引的方法收获，可收获不同大小的果实。

为判断果实是否被吸引进来，采用了三组光电阻断器，通过吸盘旋转，将果梗送到切刀的位置切断。收下的果实在送风机引力作用下通过管道，落入果盘。

试验结果表明，该机器人采摘一个果实，作为目标的果实能够全部采摘，但是采摘时连同未成熟果实一起收获的概率有50%。后又经试验，钩式末端执行器在机构上方安装了钩子，可以把目标果实拉住继而进行采摘，所以将邻近果实一起收下来的情况基本杜绝。

美国甜橙采摘机器人

美国是最早进行采摘机器人研究的国家。1968年，美国学者Schertz和Brown首次提出了应用机器人进行果蔬采摘的想法。1983年，第一台采摘机器人在美国诞生。此后，美国、英国、法国、荷兰、比利时、以色列、日本、韩国等国家相继展开了各种采摘机器人的研究和开发，涉及的采摘对象主要有苹果、柑橘、草莓、葡萄、西瓜、黄瓜、番茄、樱桃、番茄、茄子、甘蓝、生菜、莴苣、蘑菇等。

Energid公司获得了美国农业部的资助，开发了一种收获柑橘的机器人。该公司所开发的机器人具有机器视觉和操作的

能力，适用于收获柑桔、苹果等。该公司的方案结合了机器人的智能和批量收获的经济性，使用一种低成本的机制，通过视觉传感器和高速的计算机进行信息处理和控制。水果摘取的末端执行器为一次性使用，可快速更换，维修费用低廉。

    该系统可以远程控制，系统的设计目标是每秒钟摘取32个水果，持续摘取16次，留在树上的水果少于4％。该水果采摘系统有多个网格盘，每个网格盘有16个气动驱动采摘装置，通过许多相机的视觉反馈，引导采摘装置末端执行器剪断水果的茎。

随着新农业生产模式和新技术的发展与应用，农业机器人逐步进入农业生产主力军的行列。采摘机器人作为农业机器人的重要类型，具有很大的发展潜力。在现代，国外农业机器人发展迅速，国内同类产品迅速跟进，已经取得了阶段性成果。

在农业生产中，将各种果实分检归类是一项必不可少的农活，往往需要投入大量的劳动力。英国西尔索农机研究所的研究人员开发出一种结构坚固耐用、操作简便的果实分检机器人，从而使果实的分检实现了自动化。

这种果实分检机器人采用光电图像辨别和提升分检机械组合装置，可以在潮湿和泥泞的环境里干活，它能把大个西红柿和小粒樱桃加以区别，然后分捡装运，也能将不同大小的土豆分类，并且不会擦伤果实的外皮。

拓 展 阅 读

在2013年，我国技术综合研究机构开发出了新式固定型采摘草莓机器人。这种固定式机器人与以往的移动式机器人相比，工作时间可延长至12至22小时左右，因受光线影响原移动式机器人在强光下无法辨别草莓颜色，只能在夜间作业。新的机器人不仅能够在白天使用，并且采摘面积达到移动式机器人的2倍。

育苗嫁接农业机器人

嫁接机器人介绍

嫁接机器人技术，是在国际上出现的一种集机械、自动控制与园艺技术于一体的高新技术，它可以在极短的时间内，把蔬菜苗茎秆与直径为几毫米的砧木、穗木的切口嫁接为一体，使嫁接速度大幅度提高。

由于砧木、穗木接合迅速，避免了切口长时间氧化和苗内

液体的流失，从而大大地提高了嫁接成活率，因此，嫁接机器人技术被称为嫁接育苗的一场革命。

中国农业大学率先在我国开展了自动化嫁接技术的研究工作，先后研制成功了自动插接法、自动旋切贴合法嫁接技术，填补了我国自动化嫁接技术的空白，形成了具有我国自主知识产权的自动化嫁接技术。

比如，利用传感器和计算机图像处理技术，实现了嫁接苗子叶方向的自动识别、判断。嫁接机器人能够完成砧木、穗木的取苗、切苗、接合、固定、排苗等嫁接过程的自动化作业。

操作者只需把砧木和穗木放到相应的供苗台上，其余嫁接作业均由机器自动完成，从而大大提高了作业效率和质量，减轻了劳动强度。嫁接机器人可以进行黄瓜、西瓜、甜瓜苗的自动嫁接，为蔬菜、瓜果自动嫁接技术的产业化提供了可靠条件。

嫁接速度最高可达每小时800多株，是人工作业的6至7倍，而且嫁接的成功率更在95%以上。嫁接机器人的技术相比采摘机器人更加成熟可靠，在我国不少蔬菜示范园都有使用。

中国嫁接机器人的发展

我国1997年的设施栽培面积达到120亿平方米，是世界上最大的设施栽培国家。特别是以日光温室为代表的具有中国特色的保护地蔬菜栽培和塑料大棚的发展尤为迅速，在那时突破了70万公顷。

设施蔬菜生产缓解了蔬菜淡季的供需矛盾，同时也成为了

我国农民致富的重要途径。但由于蔬菜的生物特性和生长环境特性，连茬病害和低温障碍一直是严重影响设施蔬菜生产的主要问题。对这些病害的防治，无论从选育抗病品种或是施用药剂，防治效果都不够理想。

在20世纪80年代初期，出现了把黄瓜、西瓜嫁接到云南黑籽南瓜的栽培方法，提高了抗病和耐低温能力。实践证明，嫁接是克服设施瓜菜连茬病害和低温障碍的最有效方法。

除了黄瓜、西瓜外，通过嫁接茄子、青椒、西红柿都可以明显地防止土传病害，比如枯萎病、黄萎病、青枯病的发生。嫁接苗根系发达具有抗逆、壮根、增强植株长势、延长生长期与减轻地表上部病害的优点，可大幅度增产。因此，大力推广嫁接栽培技术，对我国日光温室、大棚等设施园艺蔬菜栽培具

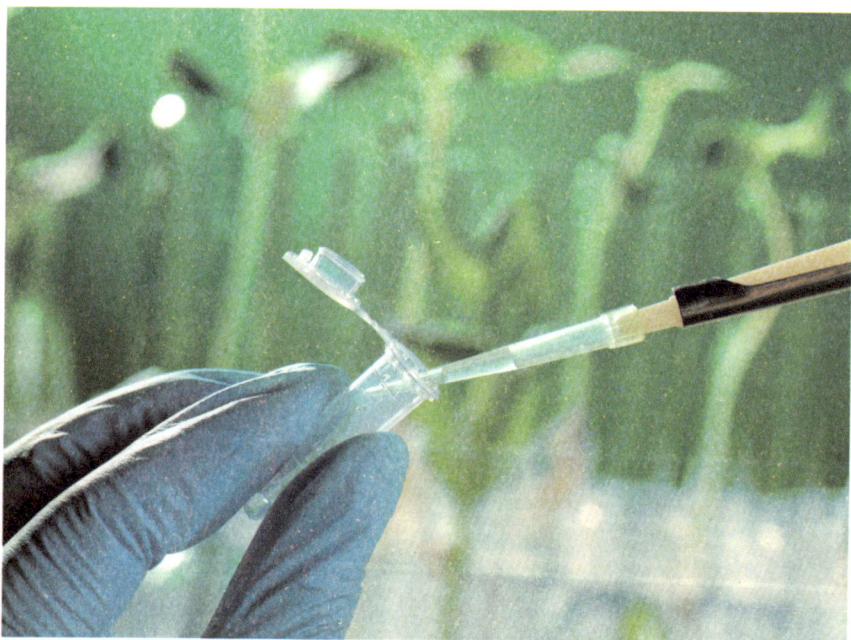

有十分重要的意义。

外国嫁接机器人的发展

从1986年起，日本开始研究嫁接机器人。日本西瓜的100%，黄瓜的90%，茄子的96%都靠嫁接栽培，每年大约嫁接10多亿棵。以日本生物系特定产业技术研究推进机构为主，一些大的农业机械制造商参加了研究开发，其成果在一些农协的育苗中心使用。

由于看到了蔬菜嫁接自动化及嫁接机器人技术在农业生产上的广阔前景，日本一些实力雄厚的厂家相继研究开发了自己的嫁接机器人，嫁接对象涉及西瓜、黄瓜、西红柿等。总体来讲，日本研制开发的嫁接机器人有较高的自动化水平，但是机器体积庞大，结构复杂，价格昂贵。

在20世纪90年代初，韩国也开始了对自动化嫁接技术进行研究，但其研究开发的技术只是完成部分嫁接作业的机械操作，自动化水平较低、速度慢，而且对砧木、穗木苗的粗细程度有较严格的要求。在蔬菜嫁接育苗配套技术方面，日本、韩国生产出了专门用于嫁接苗的育苗营养钵盘。

在欧洲，农业发达国家如意大利、法国等，蔬菜的嫁接育苗相当普遍，大规模的工厂化育苗中心全年向用户提供嫁接苗。由于这些国家尚未有自己的嫁接机器人，所以嫁接作业一部分仍采用手工嫁接，一部分采用日本的嫁接机器人进行作业。

拓 展 阅 读

2012年4月，在第十三届中国寿光国际蔬菜科技博览会上，中国农业大学工学院农业机器人实验室负责人张铁中教授正带领他的团队操作嫁接机器人向游客演示嫁接动作。嫁接机器人屈身苗床之上，精确定位蔬菜瓜果幼苗，然后快速抓取幼苗，良好地切削种苗，再接合固定种苗一气呵成，一株黄瓜苗和南瓜苗嫁接而成的种苗在眨眼之间就完成了。

水稻插秧收获机器人

　　水稻机械化插秧技术是继品种和栽培技术更新之后，进一步提高水稻劳动生产率的又一次技术革命。日本、韩国等国家以及我国台湾地区的水稻生产全面实现了机械化插秧。

日本插秧机器人

　　插秧是最为辛苦的农活之一。每逢插秧季节，农民们便争分夺秒地在泥泞的稻田里弯腰劳作，常常累得直不起腰来，

此外，插秧还必须有经验和技能。骑式插秧机虽然已经日渐普及，但其中的高科技含量仍然较低，工作效率也不高。

随着科学技术的发展和劳动力的短缺，日本研究者加大了研制插秧机器人的力度。在琦玉县进行的一项实验中，他们让机器人在没有任何人力的协助下，由计算机系统进行控制，并通过全球卫星定位系统进行导航，最后通过感应器和其他一些装置来计算出动作的角度和方向，进而实现稻田工作的精确定位。

水稻秧苗须预先由传送带传送到约2米长的栽培垫上，然后由机器人推动插秧机，把稻苗栽进稻田里。机器人能很灵巧能够根据指令准确地在稻田穿行。

即使在没有人工监视的情况下，移动误差也可小于10厘米，碰到田埂还能自行做180度大转弯后继续劳作。此外插秧的速度也相当快，每个机器人每20分钟可种植约1000平方米的稻田，而中途无需作任何停顿。

在2008年，一个装有全球定位系统的插秧机器人在日本筑波亮相。这个机器人能够根据设定路线，在10厘米宽的畦沟中独立进行插秧作业，可以在2个半小时内完成1万平方米稻田的插秧工作，几乎可与一个经验丰富的农民相媲美。

在2015年，井关农机公司与石川县政府联合研发了新型智能插秧机。该插秧机能够通过安装在车轮上的传感器瞬时检测田地内土壤深度及肥沃程度，从而在插秧的同时播撒适量的肥料。这是为了防止过量施肥影响作物品质。

由于少子老龄化使劳动力短缺日益加剧，日本各大农业机械企业加快推进挖掘机、拖拉机、插秧机等农业机械的机器人化，升级改造传统农业机械，致力于打造更加智能化的农业机器人。

中国高速插秧机器人

由于受国家实施农机购机补贴政策有力推动的影响，以及育秧技术的逐步普及，农民购买力的提高，中国插秧机市场也得到了较快的发展。

尽管从市场需求量上来说，还以手扶式插秧机为主，但是随着补贴金额的加大，以及农机合作组织、插秧机公司等组织的出现，高速插秧机也就获得了快速增长，高速插秧机已经开始走进了人们的视野。

回顾我国插秧机市场发展历程，从1999年起，插秧机市场始终沿着上升通道快速增长。尤其2004年是我国农机补贴元年，成为了我国插秧机市场的一个拐点。创下了插秧机有史以来的427.3%最高增幅。之后虽然增幅有所回落，但年度需求量节节攀升。在2011年，我国插秧机市场销售量达到9万余

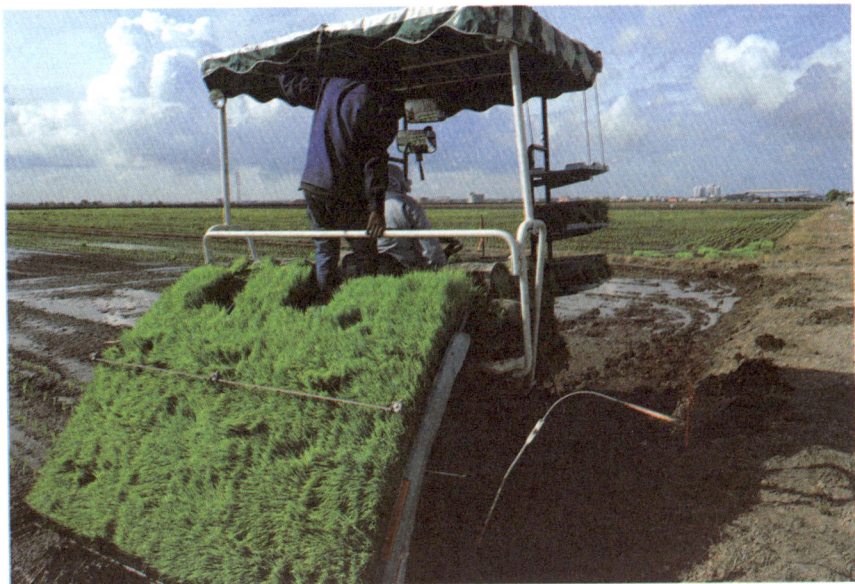

台，同比增长29.9%，再创历史新高。

从我国插秧机需求的趋势分析，因为手扶式插秧机最大的缺点是劳动强度大，工作效率与乘坐式快速插秧机相比也存在较大差距，决定了我国插秧机市场需求加速向乘坐式方向发展。

在南方，随着农机合作组织的日渐成熟，高速插秧机开始成为了新宠。虽然从数量上看，手扶插秧机仍居多，但高速插秧机的发展速度超出了想象。

从发展趋势来看，高速插秧机无疑是未来的发展方向。在2014年，高速插秧机的产量高达1000多台，高速插秧机呈现出要成为市场主流的趋势。有科技人员表示，高科技的东西其实就是一层玻璃纸。国内高速插秧机在设计及构造方面已经没有任何问题了，企业需要解决的瓶颈主要表现在动力配备及制造工艺方面。

长期以来，国内企业生产的插秧机都是配套汽油机，在产品还不足以对外资品牌形成竞争力时，外资企业推出的也是配套汽油机的产品。但随着国内产品的逐渐成熟，外资企业推出了配套柴油机的插秧机。

由于汽油与柴油相比更具挥发性，不易长时间保存，国家也不允许个人储存汽油，所以以柴油机为动力的插秧机一上市就受到了农民欢迎，迅速占领了市场。这对刚刚突破技术瓶颈的配套汽油机的高速插秧机生产企业而言，又面临着一道坎，因为在现代国内尚无专门为高速插秧机配套的柴油机生产企业。

当然，只要有商机就会有资本进入，莱恩农业装备有限公司正在着力研发生产专门为配套高速插秧机的柴油机。相信，

当产品的设计和构造成熟时，也就意味着整个产业链将真正形成。

中国水稻收获机器人

从2004年开始，国家实行农机购置补贴，拉动了水稻收割机的快速发展。随着机收率的提高，水稻收割机的社会保有量也迅速上升，2011年保有量超过了38万台，其中半喂入机型约7万台。机收率提高后，水稻收割机的市场需求从增量变成存量，更新换代成为了主流需求特征。

在2013中国国际农业机械展览会上，主办方把水稻机企业集中安排到了一个场馆，让人们有机会看到了传统强势日企与后起之秀国内企业同台比拼的场面。

久保田、洋马、东洋等企业悉数到场，富来威、星光、东禾等企业也不甘示弱，也纷纷亮出了全新的纵轴流全喂入收获机。不过，无论是国外企业还是国内企业，主力产品都以全喂入水稻收获机为主。

全喂入式水稻联合收获机采用橡胶履带行走装置，适应于水田作业，轴流式滚筒脱粒简化了结构，降低了成本，价格也较适宜，适合多数地区的经济条件，一般用户在2年内即可收回成本。因此，水稻联合收获机的市场趋势是半喂入机型将逐渐减少，全喂入机型将逐量增加。

有业内人士表示，水稻收获机市场将成为争夺的焦点、热点。全喂入收获机需求将快速增长，并且向大马力、高效率发展，半喂入收获机需求比例将逐渐降低。可见，在水稻收获机领域，"暗战"已然升级，市场正静待下一步变化。

拓 展 阅 读

在2016年3月，河南省永城市农业局植保站从合肥多加农业科技有限公司引进了10台3WYP—50型植保机器人，让机器人在现代农业中大显身手，耕种者指着麦田里正在喷洒农药的植保机器人说，就是这么个高科技的新鲜玩意，有了它，不用费事就能够完成以往繁琐的植保农事，简直让现代农业发展如虎添翼啊！

环保除草农业机器人

除草机器人介绍

德国农业专家采用计算机、全球定位系统和灵巧的多用途拖拉机综合技术，研制出了可准确施用除草剂除草的机器人。首先，由农业工人领着机器人在田间行走。在到达杂草多的地块时，它身上的GPS接收器便会显示出确定杂草位置的坐标定位图。

　　农业工人先将这些信息当场按顺序输入便携式计算机，返回场部后再把信息数据资料输到拖拉机上的一台计算机里。当他们日后驾驶拖拉机进入田间耕作时，除草机器人便会严密监视行程位置。如果来到杂草区，它的机载杆式喷雾器相应部分就会立即启动，让化学除草剂准确地喷撒到所需地点。

　　一直以来，各个国家都在研发除草智能机器人，因为一旦把除草的工作交给智能机器人，就不用施加除草肥料，植物就会更加绿色健康。在美国，除草智能机器人已经在铁路和机场跑道用以清除树叶，但没有投入农用，因为它容易把绿色庄稼当作杂草。

　　在2015年，丹麦科学家研制出了一种可用于农田除草的机

器人，不仅可以减少农民的辛苦，而且能够大幅减少除草剂的使用。这种机器人有四只轮子，由电池驱动，可以扫描地上的杂草，并进行定位，这样使得农民得以有选择地喷射农药。而下一代的这种机器人将随身带着除草剂，把农民的活也包了。

除草机器人使用一台照相机来完成地面扫描功能，它还携带着面部识别软件，使用15种不同的参数来描述杂草的大小和对称性等外部特征，最终通过GPS全球定位系统来给杂草定位。

在对糖用甜菜农田的实验中，丹麦奥尔堡大学等机构的科学家发现使用这种机器人，除草剂使用量减少了70%。当然科学家也承认，除草剂很便宜，对农民来说算不了什么，但是环境成了最终的受益者。

Bonirob除草机器人

随着科学技术的发展，由德国公司Bosch资助的新Deepfield公司开发设计了田间智能机器人，名为Bonirob，只有一台小车的大小。Bonirob可以接手并简化田间繁琐的事务，如播种、插秧和除草，全由智能机器人处理。Bonirob应用机器学习领域中"决策树学习"的技术，能够分辨农作物和杂草，而不需要施放除草剂。

Deepfield公司总经理AmosAlberts表示："通过不断的学习，Bonirob可以根据叶子的颜色、形状和大小来判断这些植物是否是我们需要的。"

Bonirob拥有一套叫决策树学习的学习机制。研究人员向Bonirob展示大量标记为"good"的健康植物的叶子图片和标

记为 "bad" 的杂草图片，Bonirob通过这些数据来判断植物的好坏。通过不断获取的新图像，Bonirob也会不断地提高判断能力。

在胡萝卜栽培试验基地，Bonirob的除草效率高达90%，整个过程完全由它自行完成。当然，Bonirob也还处于研究阶段，想要投入到实际运用中，还需要假以时日。Deepfield预估，Bonirob要实现大规模运用，可能要等到20至30年后了。

虽然Deepfield是初创公司，不过得到了德国联邦食品与农业部的项目投资，同时还得到了博世集团的专家支持，奥斯讷布吕克大学和亚马逊同样也参与到了这个项目当中。

实际上，亚马逊自己也有一款农用智能机器人，亚马逊曾在2011年的德国国际农业机械展览会上展示过，这款智能机器

人的成本较高，且需要3hp的本田发动机来供电。

有了Bonirob这类农业自动化智能机器人，意味着可以有更有效率地运用人力。不过Deepfield公司说，尽管德国总理默克尔已经看过Bonirob了，但农民要实际运用Bonirob，恐怕还得再等等。

中国拓荒者6号

拓荒者6号是北京时代沃林公司针对当前果园、园林绿化割草作业需求而设计的新型遥控电动割草机，车型小巧低矮，作业机动灵活重心低，割幅宽适合各类作业环境。

拓荒者6号作业效率为每小时7至11亩，相对普通人工、汽油机侧挂割草机、手推式草坪机都具有明显的优势，综合使用成本及人工雇佣开支都大幅降低了。

拓荒者6号尤其适合葡萄园、大樱桃园、苹果园、桃园、梨园、猕猴桃园和枣园等应用生草法的生态果园，能够显著提高作业效率，提升果园效益。

应用生草法管理果园，有利于保护土壤水分、防止虫害，提高土壤有机质含量，同时果园生草有利于蚯蚓繁殖，增加土壤通透性。可减少化肥施用，避免土壤酸碱失衡和板结。

拓荒者6号在机械结构、电控设计以及智能手机控制端的人机交互体验等方面进行了诸多创新。尤其在易用性方面远超出了一般的割草机具，即使是老人和妇女也能轻松使用。拓荒者6号拥有近10项国家发明、实用新型和外观设计专利。

拓荒者6号宽度分为45厘米和60厘米两款，车高51厘米，车长1.4米，负载能力超过200千克。为充分保障充电一次能作

业更长时间，拓荒者6号配备了多组大容量蓄电池。

拓 展 阅 读

　　英国科技人员开发的菜田除草机器人所使用的是一部摄像机和一台识别野草、蔬菜和土壤图像的计算机组合装置，利用摄像机扫描和计算机图像分析，层层推进除草作业。它可以全天候连续作业，除草时对土壤无侵蚀破坏。科学家还准备在此基础上，研究与之配套的除草机械来代替除草剂。

挤奶放牧农业机器人

　　科技进步的一个大的标志就是，人类很多体力劳动在被逐渐地简单化。在美国，大型机械化生产已经不是什么新鲜事了。但是在以前，这通常都只用于农作物生产这种粗活当中。而现在，就连挤奶这种精细活都可以用机械化的方式来进行了。

美国挤奶机器人

地广人稀的特点和优良的自然条件使美国的畜牧业非常的发达，其每年的产奶量都占世界的13%以上。为了提高生产效率和降低人工成本，智能自动挤奶机的出现就显得至关重要了。到2016年，类似的机器全球共有大约3万台，其中有相当一部分都在美国。并且，这种机器在美国的上升势头非常快，据估计到了2025年，北美地区将有超过25%的奶牛可以依靠这种机器挤奶。

而除了减少人工成本和非常方便以外，根据北美地区相关工作人员的调查显示，使用挤奶机的奶牛产奶量要比不使用的普遍多11%到17%。相关研究人员解释，这是由于在使用挤奶机的情况下，奶牛不会直接接触到人，这样一来会使它们变得

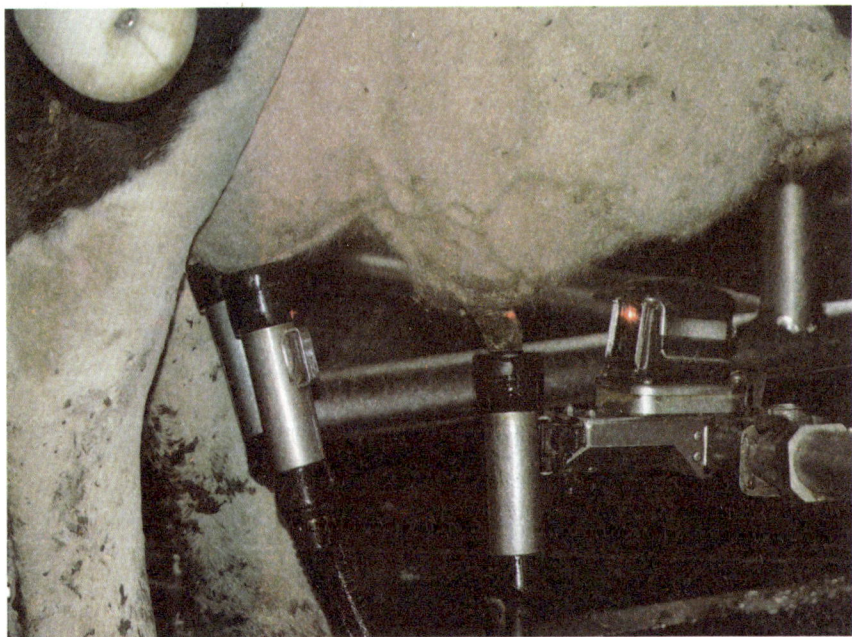

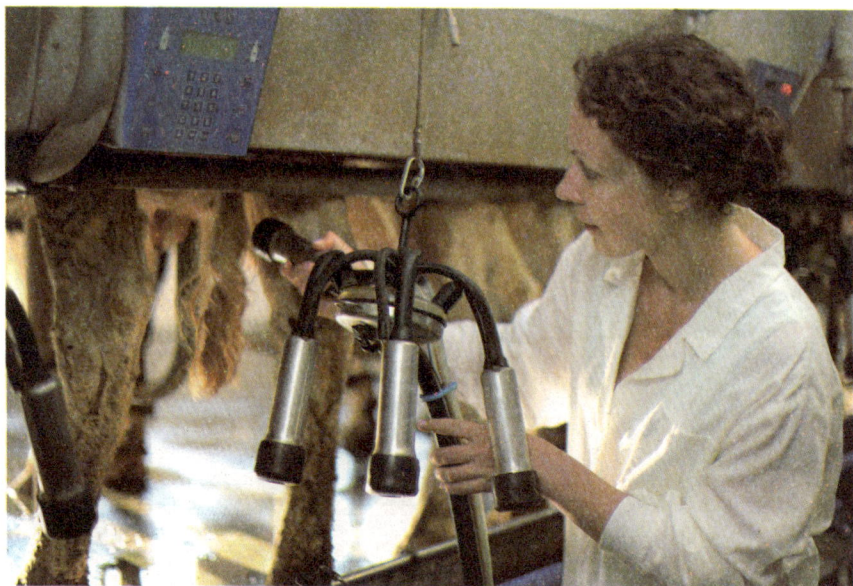

更加轻松，所以产量自然也就提高了。

　　机器人挤奶系统在欧洲已经盛行多年，但直到21世纪才在美国引起重视。在威斯康星州、马里兰州等地，某些奶牛场采用机器人系统来饲养奶牛并给它们挤奶，这种自动化和科技化的机器受到了农夫、农场主和奶牛的欢迎。

　　在威斯康星州的一个农场里，全自动的挤奶机器人投入了使用。挤奶机器人的工作是为奶牛提供全天候高智能化服务。按照先进的饲养模式饲养奶牛，24小时都耐心地按清洗乳房、按摩乳房挤奶的程序工作。

　　据了解，机器人还能为奶牛提供喂食、挠痒、净身等服务。除了高效、安全和卫生外，机器人人性化的操作还可使奶牛心情愉悦，进而产出在蛋白质含量、微量元素等方面都更高质量的健康牛奶。

　　挤奶机器人不光受到了奶牛的欢迎，也极大地减轻了农场主或者农夫的负担，他们有更多的时间做自己想做的事情，享受休闲时光。而依靠现代化的高科技，不少农场主甚至能够通过智能手机来遥控农场的运作。

　　在美国纽约州北部伊斯顿的农场里，也出现了奶牛们自动挤奶的场景，奶牛们有了自己的"新欢"。由于可靠的劳动力奇缺，而且奶价飞涨，州内各地的奶场大量地采用了挤奶机器人，迈向自动照看奶牛的美丽新世界。无需人类动手，这些机器人就能够给奶牛挨个喂食和挤奶。

　　随着科技的发展，已有上百台这样的机器人在纽约州的乳制品产区和其他一些州投入使用。它们改变了农场历史悠久的农场日常生活面貌，并且重新激起了农业对熟悉技术的年轻一代的吸引力。

在那里的第七代农场主麦克·博登说，我们熟悉电脑之类的东西，挤奶机器人跟那些电脑更像是一脉相承。当迪斯科年代的挤奶间开始显出过时的迹象时，他家奶场也和别家一样，升级采用了挤奶机器人。挤奶间是大型的机械化旋转平台，能够让奶农同时给许多奶牛挤奶。

挤奶机器人能够让奶牛们自行安排时间，每天排队自动挤奶五六次。这样，奶农们就不必在像以前那样，起早贪黑地挤奶了。

奶牛脖子上系着答应器，从而获得了个性化服务。激光扫描它们的下腹部，电脑就会绘出每头奶牛的出奶速度图表。对

每天24小时不间断的奶场而言，这一速度是关键因素。

机器人还会检测奶牛的产量和质量、奶牛来这里挤奶的频次、每头牛的食量乃至每头牛每天行走的步数，还能够显示出奶牛的发情期。

中国挤奶机器人

在2004年，中国第一个挤奶机器人在中国最大的单体牧场呼和浩特蒙牛澳亚示范牧场上岗。在一只高2米、长3米的机械手臂前，一群奶牛排着队等待挤奶。

这个牧场活像一个牧场联合国，集欧洲式、美洲式、澳洲式、亚洲式的种草、养牛、挤奶技术于一体，让人们在三四十分钟之内，就可以见识到原本需要花费三四周时间、走遍全

球十几个国家的几十个牧场才能看到的种草、养牛、挤奶多重景观。

挤奶示范区由机器人式、并列式、转盘式、鱼骨式等多种现代化挤奶平台组成，其中转盘式平台一次可挤60头奶牛，是全球最大的转盘式挤奶机之一。

养牛示范区和种草示范区分别展示欧、美、澳、亚洲12个国家蛋白含量极高的牧草。专家说，像这样多种养牛挤奶模式和几大洲不同牧草集于一地，在全世界大概还是头一遭。

用最好的奶牛种群、最优秀的管理饲养技术、最先进的挤奶设施，生产出品质最好的牛奶、绿色食品属性最突出的牛奶、对人体健康最有益的牛奶，这是蒙牛澳亚示范牧场定下的"六最特征"。

业内人士认为，挤奶机器人和国际示范牧场是中国奶业发

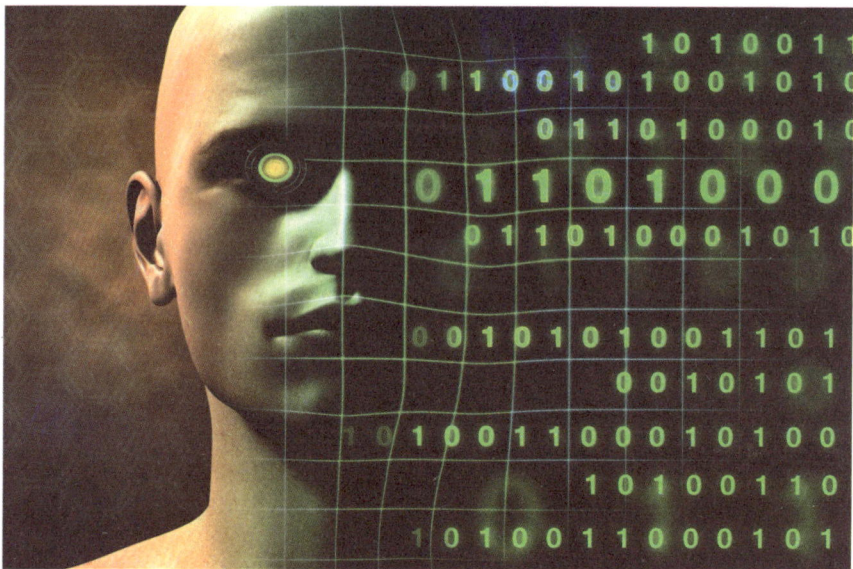

展史上的一个标志性事件，它预示着中国奶牛养殖业将由分散养殖型向规模化、集约化、科学化、国际化方向发展。

放牧机器人

英国科学家设计出一种可代替人或放牧犬来放牧羊群的牧羊机械狗。它备有一架摄像机和一台计算机，可对羊群移动的情况进行分析。如果羊群显得不安定的话，其队形、速度和移动状况就会反映出来，牧羊机器狗便会在羊群中移动，直到羊群安定下来。

澳大利亚野外机器人研究中心一直在利用各种创新的方式来打造现代化的农业。它推出的机器人可以测量农作物产量、收集果园质量等数据。现代最新项目更是更上一层楼，它打造了一个可以自己经营畜牧场的机器人。

澳大利亚地广人稀，造成了澳洲偏远地区农场里的牲畜很少被查看。也许就一年一到两次，这就意味着经常会出现牲畜生病了却没有人知道的情况。澳大利亚野外机器人研发中心从2014年开始研发一款放牧机器人，它的代号是"虾"，能够赶20至150头奶牛去到一个地方。

在2016年，悉尼大学在新南威尔士州中部的几个农场展开了一个持续两年的试验，训练一种农场机器人，能够完成放牧、监视牲畜的健康情况以及留意它们是否有足够的牧草吃。

在测试中，研究人员测试了机器人牧养动物的能力。放牧机器人需要随时监测牛羊的健康状况，确保它们在任何时候都能吃饱。另外，放牧机器人内建了各种热量和视觉传感器，可以实时监测动物行为和体温变化，另外还可以监测草场品质变化。

来自悉尼大学的项目负责人之一表示，生病或是受伤了的牲畜的体温和行走姿态会发生改变，这些都能被机器人的热探测器和视觉传感器捕捉到，以便区分出生病的和受伤的牲畜。机器人也可以通过色彩传感器、纹理和形状传感器，来检查牧草的质量。

这种尚未被命名的机器人是早期机器人"虾"的进阶版。在试验期间，项目负责人和他的同事们调试好了机器人的软件，使它能够善于发现病畜，同时确保机器人本身可以安全地在树丛中穿行，以及在泥地、沼地和山丘等地形上移动。

有人担心机器人技术的进步，会激起人们对于裁员的恐惧，但事实上，畜牧业、种植业人员的空缺越来越难弥补，而在这些行业中使用机器人并不会使他们丢失工作，只是会让他们的工作转换到维护机器人上去。

拓 展 阅 读

在2014年，昌吉市朗青畜牧养殖场引入了一台全自动机器人饲喂犊牛。这台全自动机器人犊牛饲喂系统通过电脑软件程序控制，监控犊牛采食情况，并统计分析数据，定时、定量、定温给犊牛喂食。

农民的养殖好帮手

剪羊毛机器人

剪羊毛机器人是澳大利亚于20世纪80年代中期制造出来的。这是世界上第一个可以在活的动物身上进行作业的机器人。它的外形像一个多手的怪物。

它用一只手按住羊的头部，用两只手按住羊的脚，把羊按在专用的平台上，还有两只手拿着两把剪刀，贴着羊的身子飞快地剪羊毛。不论是大羊、小羊、肥羊、瘦羊，它都能把羊毛

剪得干干净净。在剪羊毛时，羊常常会乱动，但是机器人手中的剪子也不会伤着羊的皮肉。

当羊被按在平台上时，机器人的传感器会把羊的臀宽、身长等参数测量出来，电脑就能够迅速计算出机器人手臂的关节应当如何运动，并发出指令，自动调节剪刀的高度和倾斜角度，控制剪子运动，使剪子贴着羊皮剪下羊毛。

若传感器测量出羊的身体活动了，电脑就会发出新的指令，机器人手臂就能很快地作出反应，使剪子提高一点，就不会伤到羊的皮肉了。在剪羊毛的过程中，传感器不停地测量，电脑不停地发出指令，机器人的手臂不停地调节剪子的高低和倾斜角度，剪子就能不断地剪下羊毛，而又不碰到羊的身体。剪下羊毛后，机器人能够分清是哪个部位的毛，并将其分门别类地送到不同的地点。

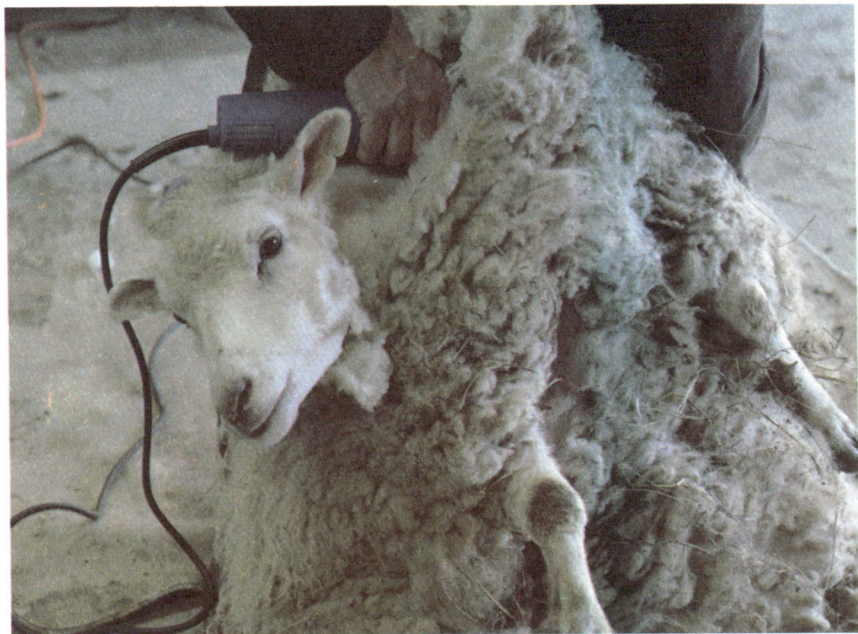

　　澳大利亚每年约需要对1600万只绵羊进行剪毛。据称，一个技术熟练的剪毛手一天最多能剪200只羊，每剪一只羊的报酬约为1澳元，这是一笔可观的收入。

　　然而，剪毛作业毕竟是一项繁重的劳动，且对牧民来说，其费用也是昂贵的。澳大利亚必须在世界范围内不断地进行竞争，否则，羊毛就会被廉价的人造纤维所取代。因此，澳大利亚亦与西方的其他国家一样应用机器人来剪羊毛。

　　澳大利亚羊毛协会研制的一套试验性机器人剪毛设备，收藏在西澳大利亚州大学的实验室内。这套自动化剪羊毛系统具有独特的结构。一套巨大的机械式羊只处理装置支持着绵羊的背部，由各种探测器、轮子和叉架等构件来搬移羊只，并测出不同压力点，使羊只保持一定的位置。

养殖机器人

养鱼是一种既辛苦又需要技术的作业。在20世纪80年代末期，日本在九州岛建立了一个养鱼基地，沿海水面架起了一座板桥，机器人在桥上按照程序规定来回巡逻、测水温、投放饲料。

20世纪90年代初期，美国佐治亚农业技术中心研究出一种机器人用来加工家禽，叫做"美洲豹560"。它有两只机械手能够准确地抓住加工线上移动着的家禽，并且从挂钩上把家禽拿下来，再送到切割机里去加工。

这种机器人本领很高，不论家禽大小，它都能准确地把这些家禽抓住而不会把它们捏死，而且还能随着加工速度的不同，自动调节自己的工作速度。

养殖业中的专业机器人种类繁多、用途不一，能使产品质量和产量大大地提高降低成本、解放劳动力，这种机器人将来会有更大的发展。

养猪机器人

在养猪场母猪一胎多时可产仔17头，由于产仔多，新生下的小猪仔，常常因为吃不到奶而死去了。为了解决这一问题，加拿大安大略省杰尔夫大学的专家弗兰克·赫尼克制做了一台机器母猪，取名叫做罗博蒂克。

它是机器人大家庭中的养猪专业户，加拿大农业公司精心改进了这种机器母猪，该公司的总裁埃里克·贾门说："我们开始时认为这是一个简单的项目。"

埃里克·贾门接着又说："我们用了几年时间，花费了许多万美元才制成了机器母猪。"这说明制造出这样一个养猪专业户机器人事实上并不简单。

它的外形并不像猪，而是一个光亮的蓝盒子，盒子内装有

人造的猪奶，每隔一小时机器母猪就会发出断断续续的呼噜声，能够把猪仔唤醒。同时，从盒子里伸出8个奶头，机器母猪的顶部都有灯，由这些灯把机器母猪加热，由电脑按程序把奶头加热，并把温奶进行分配以便小猪吃。

在让小猪吃奶时，机器母猪能发出真猪那样的呼唤声，引诱小猪来吃奶。当小猪吃完奶，灯就熄灭了，小猪就去玩耍或者去睡觉了。机器母猪还能用水给小猪进行清洗。使用这种机器母猪，小猪的死亡率大大减少了，一年内就可以收回的成本。

拓 展 阅 读

日本烟草公司制造出可以判断秧苗好坏的机器人。当机器人的机械手拿过秧苗并送到它的眼睛下时，它的一只眼睛，也就是一台摄像机就会观察秧苗的大小、长短和生长情况。它的另一只眼睛就可观察叶子的宽度、长度和叶片数量。这些数据送入电脑中，与基准的大小、长度、宽度相比较，若是优良秧苗就移到秧畦中，若是不合格就把它丢掉。

高效率农药喷洒机器人

日本农药喷洒机器人

为了防治树木的病虫害，就要给树木喷洒农药，为了改善劳动条件，防止农药对作业人员的毒害，所以日本就开发出来了喷农药的机器人。

这种机器人的外形很像一部小汽车，机器人上装有感应传感器和自动喷药控制装置（就是一台能处理来自各传感器的信

号以及控制各执行元件的计算机）以及压力传感器等。

在果园内，沿着喷药作业路径铺设感应电缆，对于栽种苹果树的果园，是把感应电缆铺设在地表或者是地下大约30米深的地方，而对于栽种葡萄等的果园，则把感应电缆架设在空中，离地面约1.5至2米处。

考虑到果树的距离，相邻电缆的距离最小为1.5米左右，电缆的长度则受信号发送机功率以及电缆电阻的限制。工作时，电缆中流过由发送机发出的电流，在电缆周围产生磁场。机器人上的控制装置根据传感器检测到的磁场信号控制机器人的走向。

机器人在作业时，不需要手动控制，就能够完全自动对树木进行喷药。机器人控制系统还能够根据方向传感器和速度传感器的输出，判断是直行还是转弯。在转弯时，在没有树木的一侧机器人能自动停止喷药。如果转弯时两边有树木也可以根据需要解除自动停止喷药功能。

在喷药作业时，当药罐中的药液用完时，机器人能自动停止喷药和行走。在作业路径的终点，感应电缆铺设成锐角形状，于是由于磁场的相互干扰，感应传感器就检测不到信号，于是所有功能就会停止下来。当机器人的自动功能解除时，还可以利用遥控装置或手动操作运行，把机器人移动到作业起点或药液补充地点。

机器人在工作时的安全是十分重要的，这个喷药机器人在前端装有两个障碍物传感器，它们是一种超声波传感器，可以检测到前方约1米左右距离的情况，当有障碍物时，行走和喷药均停止。另外机器人前端还装有接触传感器，当机器人和障

碍物接触时，接触传感器发出信号，动作全部停止；在机器人左右两侧还装有紧急手动按钮，当发生异常情况时，可以用手动按钮紧急停止。

另外，当信号发送机出现故障时，如感应电缆断线或者机器人偏离感应电缆时，由于感应传感器检测不到磁场信号，机器人就会自动停止。这些功能够使机器人在作业时，保证机器人和周围环境的安全。

由于使用了喷农药机器人，不仅使工作人员避免了农药的伤害，还可以由一人同时管理多台机器人，这样也就提高了生产效率，所以这种机器人将会有更大的发展。

农药喷洒智能化

随着时代的进步和智能化技术的发展，一些发达国家为提

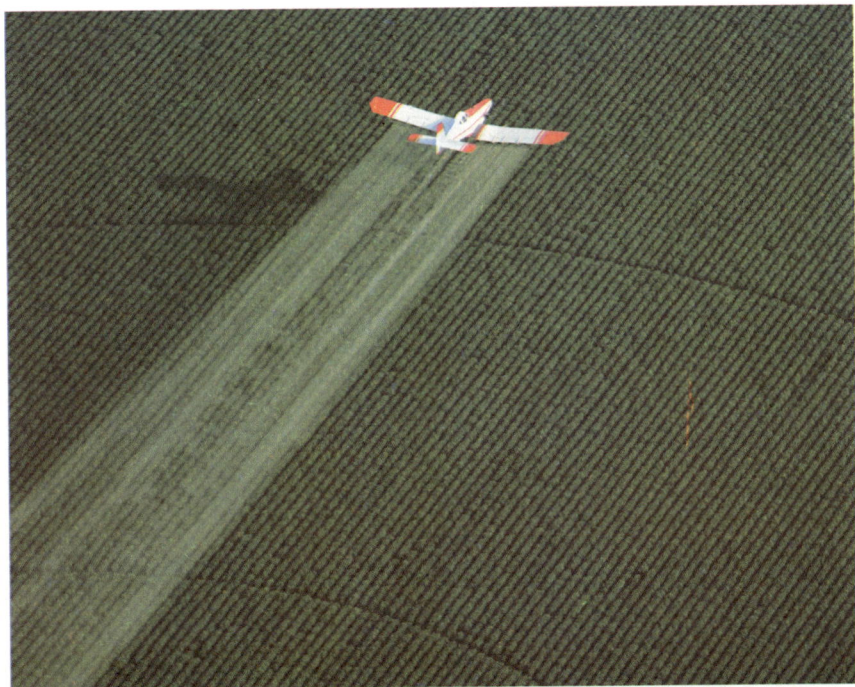

高农药喷洒的效率和减少农药喷洒时对人体的伤害，农药喷洒机械趋向了自动化。韩国的泰仁技术开发公司经过两年多时间的研究，开发研制成功了一种无人农药喷洒机。这种无人农药喷洒机的核心部件，是喷洒农药的喷头。它由电子精密陶瓷制成，具有电动控制功能，能将农药自动均匀地喷洒到农作物叶片的两面，达到理想的杀虫效果。用于温室、塑料大棚和果树林等地的杀虫作业时，可安装在轨道上，用蓄电池驱动，实施无人喷洒作业。这不仅能省时、省力、省农药，而且还可避免农药对人体的伤害，十分安全。

美国斯坦福大学的科学家，研制成功了一种农药自动喷洒机。人们坐在家中，可同时指挥几台农药自动喷洒机进行农药

喷洒。这种农药喷洒机的关键技术，在于应用了自动导航控制器。

该装置能接受全球卫星系统发射出的定位信号，并能十分精确地控制农药自动喷洒机的位置、速度、前进方向和喷洒农药的多少。适宜于大面积的农田作业。

日本研制出一种为农业生产服务的被称为飞行机器人的农业机器人，可自动播种、喷洒农药、施肥和进行果树嫁接、育苗等，成为农民的好帮手。

多旋翼无人植保机

植保无人机服务农业在日本、美国等发达国家得到了快速发展。1990年，日本山叶公司率先推出了世界上第一架无人机，主要用于喷洒农药。我国南方首先应用于水稻种植区的农药喷洒。

在传统的病虫害防治中，一直以来，基本上都是各家防治各家的田地，但这一模式产生了许多的问题：首先是效果差，很多农民朋友掌握不好防治的最佳时间；再次是效率低，病虫害发生3天后，防治的效果就会变差，当受灾田地的面积过大或与其他农事活动产生冲突时，往往容易错过防治时间，给生产带来损失；最后是劳动强度大，以往采取的多是群众背着喷雾器进行作业，但一些农作物如甘蔗、油菜、水稻等长高了，就很难进入其中喷洒农药。

在发展现代农业的背景下，各地都在积极探索病虫害防治的新模式，即专业化统防统治服务模式。由专业化的合作组织或机构来完成病虫害的防治工作，由农业技术部门负责培训，建立规范的运作方式和推广有效的防控技术，为农民朋友提供安全、高效的病虫害防治服务，这种服务模式是未来农民发展农业的理想选择。

2014年13日，在兴宾区桥巩乡合龙村千亩水稻生产基地召开的2014年水稻病虫害专业化统防统治现场会上，一批新型农

机装备吸引了人们的目光。

在现场，多旋翼无人植保机成为了众人关注的焦点。在工作人员的操控下，植保机平稳腾空而起，随即轻巧地飞过一片稻田，喷下细细的雾气，两分钟之内就喷完了1亩地。这架多旋翼无人机可对水稻、玉米、甘蔗等农作物进行农药喷洒、喷雾等植保作业，相比传统人工作业，效率提高了上百倍。

该多旋翼无人植保机体积小巧，展开面积不足1平方米，折叠后连同附件设备可以轻松收纳到普通行李箱。该无人植保机自重6千克，可携带包括电池组在内的高达18千克的物品，最大农药载重为7千克，平均每架次可飞行15至20分钟。

多旋翼无人植保机飞行控制系统具有自主导航功能，操作简单，无需专用起降场地，可以超低空作业，不受障碍物限制，可靠性和安全性好。使用多旋翼无人植保机作业，相较于

传统的人工作业，可有效减少农药用量40%，人工施药一天两亩，而一名熟练的技术员利用无人植保机在几分钟内就可以完成。无人植保机优势明显，主要体现在作业高效率、防治效果好等方面。但每台植保机价格都较昂贵，远远超出了农民个体承受范围，因此这类先进的技术设备更适合一些专业化的合作组织、机构使用。

农药喷洒无人直升机

在2015年4月10日，无人驾驶的农药喷洒直升机就在新疆兵团第十二师222团四连亮相了。当日，晴空万里，该团四连的麦田里格外热闹。

一架遥控直升飞机在麦田低空飞行，将农药撒入田间，这架遥控直升机机身长1.5米左右，翼展2到3米，机身下方有个装农药的容器，大约可装10升农药。

随着"嗡嗡"声，体态轻巧的无人驾驶飞机在操作机手的遥控下自如地变换着高度、速度与方向，令在场的农民观众叹为观止。操作手说，利用这种直升机，把药箱装满一次可喷洒至少5亩地。

与传统喷洒方式相比，无人飞机喷洒具有效率高、节水节药等优点，其效率要比常规喷洒至少高出20倍。无人飞机全部采用远距离遥控操作，喷洒时距离麦田在2至3米之间。

由于飞机的气流有助于增加雾流对农作物的穿透性，因而打药效果较好，还可以防止农药对土壤造成污染，有了它，农民朋友可轻松喷药，再也不用担心中毒中暑了。

拓 展 阅 读

2012年4月，在长安区引镇小麦吸浆虫防治演练现场，一场农药喷洒作业比赛悄然展开。一架最大直径仅有1.5米的无人驾驶农药喷洒直升机，悬停在距地面3米左右的空中，左右两侧各有一组由10人组成的病虫害专业化防治队伍。

比赛开场仅6秒钟，直升机就已经抵达50米外的转折点，而防治队员们才刚走出不到10米。2分钟后，直升机安全着陆回到了终点，此时防治队员们还在紧张地作业着。难得一见的场景引来附近众多村民的围观，不时发出赞叹声与掌声。

施肥播种农业机器人

施肥除虫机器人介绍

现代化农业的发展，已经渐渐开始走上机械化、现代化的道路，而且渐渐有取代原始农业的势头。从大规模机械农庄到小规模机械生产，机械化的路子正在铺平，而在施肥这一环，也发明了球形机器人。

如果你看见一个仓鼠球在玉米地中间滚动，这可不是一只

被人丢失的宠物，而是马德里大学机器人和控制研究中心捣鼓的一个机器人。如果你看到田地里一个球形的物体在滚动，不要担心，这不是外星人，而是最新的施肥除虫机器人。

机器人的外表就像一个橡胶套，里面机械部分不断移动重心，外面的仓鼠就不停地跑，因为里面使用了一个钟摆、一个轴加可以旋转的东西，这样球就可以引导自己。

钟摆可以沿着横向或者纵向自由摆动，所以控制钟摆，就可以控制机器人向前或向后滚动。另外机器人还有一个无线天线，方便遥控控制。球形机器人将来主要用在精准农业上，而不是飞机撒药式的喷洒杀虫剂、大范围施肥。

这个小机器人倾向于园丁的方式，它可以在移动作物的时候又不损害农作物，特定条件下精确使用杀虫剂和化肥。测试的时候小机器人通过了不同的崎岖地形和不同的土壤水分测试，并和人类达到很好的合作，测试结果都令人相当满意。

不过它也有自己的不足，这样的机器人很新奇，不知道将来怎么受到农民伯伯的欢心，如果继续改进，能帮农民伯伯手

动拔草、捉虫、施肥、挖坑、播种，就更有利于打造绿色农作物，如果仅是滚来滚去作用应该比不上有手有脚的高级机器人。

美国施肥机器人

在美国，玉米的耕种面积有一亿英亩，由于存在氮肥流失所产生的严重污染问题，在自主耕种中出现了一种新型机器人，它可以在玉米秆中来回穿行，边行走边施肥。

在2016年，一家明尼苏达州的初创公司开始使用可在玉米作物间边行走边施肥的自主式机器人。这种机器人在一排排玉米间穿梭往来，对成熟作物施用氮肥，并使用激光扫描以避免撞倒玉米秆。

　　这种机器人是在作物最需要肥料的快速生长期进行施肥。有了这种机器人则无需使用拖拉机，从而避免对高株作物的损害，并且减少季节初期所需的肥料量。而且通过减少了肥料量，降低了氮肥在雨后对排水渠的污染。

　　由于机器是在一排排作物之间行走，它可对其两侧的作物同时施肥。机器人使用GPS来确定是否到达田地边缘，并使用激光雷达或激光扫描来确保始终行驶在成熟玉米秆之间而不撞到植株。尽管也可以随时通过灌溉对这些作物进行施肥，但在美国只有大约15%的玉米地得到灌溉。

　　MikeSchmitt是明尼苏达大学土壤、水和气候系的教授，他与该初创公司无任何关联，他认为机器人是营养控制技术中一种很好的附加工具。他还认为，在准确的时间与地点进行施肥的能力是至关重要的。

全自动播种机器人

　　在这个智能化的信息时代，机器人能解魔方、能合体、能唱歌、能下棋、能哄人，差不多各行各业都能适应。在农业领域里，负责种庄稼的机器人也出现了。

　　人们设想，如果具有播种功能的全自动机器人与收割机器人和负责照顾植物的机器人共同协作，就能够完成从播种到收割的全部环节了，这样就能够把农耕者从繁重的耕种劳动里解放出来了。

美国爱荷华州的发明家DavidDorhout正在研制一种革命性的农业机器人，这种机器人的原型机"Prospero"还是一些自动化的微型播种机。下一阶段，他将逐步增加机器化管理、机器化收获等功能，而最终将使它能担负起所有的农活。不过很明显，这还需要时间。

耕作时Prospero会先判断怎样种植才能让这块土地获得最大收益，然后它们再逐寸耕种。它们会首先检查在要求的种子间隔区域内是否已经有种子播下。如果没有，它们会把种子放置到最理想的深度，然后标记好种子放置的位置。最后再使用必要的化肥、除草剂和杀虫剂。

同时，它们通过无线与周围的其他种植机器人通信，在优化种植效率的同时，让其他机器人知道某块区域是否还需要播种。这就是Prospero可以做的所有工作。

拓 展 阅 读

2016年，在长兴一处葡萄园里，一台果园机器人在葡萄大棚中进行喷淋作业，技术人员凭借手中的遥控器即可操控机器人完成行走、爬坡、喷雾等多种动作。该葡萄园以机器换人后，提升了农机作业质量、减轻了农机工人负担。

移栽农业机器人

移栽机器人介绍

移栽是一种很简单的操作，但也是很细致和很费时的工作。使用人工进行移栽，需要大量的手工作业，而且是很费时的。人工移栽的平均速度只有每小时800至1000棵，但连续工作会使人疲劳，很难长久保持高效率。

自动化移栽机器人可以解放人的手工劳动，使移栽速度提高4至5倍，并且移栽质量稳定。一般，自动化移栽机器人多为一套机电一体化设备，能够从高密度盘移栽幼苗到低密度盘，也能从密度盘移栽幼苗到生长盆。

种子种到插盘以后，长出籽苗，直到它们生出根来，根会把生长土盘结成体，再将其

连根带土一起重新栽到乙烯盆或其他的盆里，这种作业叫做移栽。在日本，广泛采用软的乙烯盆，并将其装入容器内，以便于装卸和转运。移栽的目的是保证适当的空间，以促进植物的扎根和生长。

研制出来的移栽机器人一般有两条传送带，一条用于传送插盘，另一条用于传送盆状容器。其他的主要部件是插入式拔苗器、杯状容器传送带、漏插分选器和插入式栽培器。

这种机器人的工作过程是，先用拔苗器的抓手将插盘中的籽苗拔出来，然后放在穿过插盘传送带移动到盆传送带上的一排杯状容器内；再在杯状容器移动的同时，由光电传感器探测

有无缺苗，探测之后，栽培器的抓手只会拿起籽苗，每个栽培头分别接近一只杯子；在所有栽培头都夹住籽苗之后，所有栽培头同时栽培籽苗，确保无空盆，最大栽培速度为每小时6000棵。

移栽机器人的系统

移栽机器人是第一台能够识别缺苗的机器人。因为在许多情况下，种子的发芽率只有60%至70%。利用这种机器人，栽培者只移栽真实的籽苗，并使全部籽苗都移栽到盆里，可以减少寻找和填充空盘的必要。

在开发传感系统时，最初只采用光电传感器、发射机和接收机。当杯中的植物从发射器与接收器之间经过时，如果光线

被茎或叶子挡住，就可以断定真实的苗在杯中。

传感器可以上下调整以改变拒绝低于标准的劣苗的阀门，通过杯传送带的转动将劣苗抛在废料箱中。由于它能在不停止运动的情况下进行探测，所以这是最为简单、快速和经济的方法。

最理想的是缩小杯子之间的间隔和加速杯子传送带的转动。但杯子靠得太近，即使杯中没有真实的籽苗，也可能会因为下一杯中的叶子挡住光线而判断错误，因此，不可能使杯子靠得比叶子的长度更近。通过用许多花苗进行实际实验，证明把杯子间的间隔和控制宽度定为51毫米是理想的。

采用激光传感器时，探测范围为30毫米，与杯子的直接相似、探测精度提高了，但同时成本也提高了。采用一个光电传感器探测杯子，另一个用来探测花苗，这样籽苗就与杯子同时被探测到了。

虽然为提高使用精度需要进行一些改进，但几乎得到了与用激光传感器一样的精度，而且比其更经济。这种自动化移栽机器人可以使移栽速度提高4至5倍。

这种机器人可以很容易地与其他设备连在一起使用，比如盆输送机和填土机。另一方面，该机器人的用户也要重新设计苗圃的作业程序。

一般的作业程序未必适合使用这种移栽机器的新要求。形成根球是用机器人移栽必不可少的，因此要比用人工移栽的植物培育时间更长些。同时还要改变土壤成分，使根球形成最佳化。

秧苗移栽机移栽的辣椒苗穴距均匀、深浅正好、踩压结实，也没有任何漏苗、倒苗、露苗现象，移栽后没有缓苗期，直接成活，每天能移栽辣椒苗20亩以上。

日本机器人蔬菜工厂

植物工厂是一项集现代生物技术、现代种植技术、计算机信息技术、机械自动化技术于一体的技术高度密集的产业。由

于具有受自然条件影响小，作物生产计划性强，生长速度快、周期短，自动化程度高，无污染等特点，植物工厂成为了现代社会研究的重点。

在传统农业生产方式中，移栽和收获往往是很费工时的作业，主要采用人工进行移栽收获作业，劳动强度大，作业效率低，而且常常会由于作业者操作不慎而造成产品受伤，影响商品率的提高。

自动移栽收获机器人的开发，不仅可以在很大程度上减轻劳动强度，提高生产效率，还可以使苗床之间不需要留有人员通过的过道，增加了温室有效使用面积，提高了温室空间的利用率。

在2017年，日本东京附近将要开设一家新的植物蔓生的

"蔬菜工厂"，这将是第一家没有农民的农场。机器人将种下生菜种子、移栽它们、培育蔬菜并自动将完全成熟的生菜带往包装线，生菜们将在这里被送往当地各大杂货店。

这个农场一天就能收获三万头生菜。而在传统农场里，同样大小的场地能种植大约2.6万棵植物，但每株植物一季只能收获2至4个作物。

日本Spread公司在2006年开设了它的第一家室内农场，为东京周围两千家店供应生菜。该公司甚至在寻求让这一生产过程更加高效的机会，将新农场当作了未来农业的模型。

未来为了创造一个可持续发展社会，这样的蔬菜工厂必不可少。同其他室内农场一样，新的工厂比传统农业使用的水更少，该公司的新技术让他们能回收98%的水，由于工厂被密封起来，因此没必要使用杀虫剂和除草剂。超高效的照明系统能依靠可再生能源运行。日本每年需进口60%的粮食，但是这样一个工厂就能够满足当地需要了。

要将每一步都自动化并不容易，Spread仍在对某些过程进行调整，比如种下种子。工厂设备也要被设计得能够小心处理植物，对于机器人的手来说这有点难度。要确保机器在不伤害脆弱蔬菜的同时快速有效地运行是一件非常具有挑战性的事情。

日本耕地机器人

在2011年，东京海洋大学百年纪念资料馆前，一辆拖拉机围着资料馆前的一大片草坪"突突突"地行驶着，它的外观并无出奇之处，可是仔细观察拖拉机的驾驶室，就不禁令人惊叹。驾驶室内空无一人，而拖拉机却能够不紧不慢地平稳行驶。

参与开发拖拉机机器人的北海道大学研究生院农学研究院副教授石井一畅介绍，拖拉机机器人从2000年就开始研制，技术已经非常成熟了。

这辆拖拉机利用全球定位系统进行导航，在导号准天顶卫星辅助下，精确度能达到3厘米左右，拖拉机顶部的3个盘子状的天线就是接受卫星定位信号的。

只要在家里设定好农田的地点和农田的长宽，拖拉机就会自己开到农田进行耕作，而且能够自行设定最节省时间的耕作线路。在日本社会日益老龄化的情况下，这种自动行驶的拖拉机机器人的前途十分广大。

这么精巧的拖拉机，操作却异常简单，只有几个录入的按

钮。拖拉机可以挂上播种机、喷雾机、旋耕机等，胜任农田的各种工作。只不过由于体积过大，加上有场地限制，这些机械还没有从北海道运过来。

石井一畅说，本来利用全球定位系统已经基本满足需要，不过在有建筑物和大树等遮挡的时候信号会变差，而导号准天顶卫星总在正上方，所以起到很大的补充和增强信号的作用。

无人驾驶拖拉机引起了人们的浓厚兴趣，纷纷上前拍照，拖拉机却突然停了下来。难道出了问题？原来是由于有人站到拖拉机前拍照，拖拉机自动停驶了。

观察拖拉机前部，会发现有一个类似小摄像机的方形设备，这就是激光传感器。石井一畅介绍说，如果在拖拉机前方

8米处有人出现，它就会自动暂停，等人离开后重新启动。

车头前面还安装有一个"凹"字形的方框，这个方框与车头连接的部分具有伸缩性，即使万一撞到人或物，也能起到缓冲作用，而拖拉机感知到碰撞后，引擎会自动熄火，从而避免发生事故。

这辆拖拉机机器人也是多个机构合作的产物，"卫星测位利用推进中心"企划管理本部主任樱井也寸史介绍，拖拉机利用了他们开发的卫星信号接收系统，而日立造船公司开发了应用程序，而北海道大学则开发了自动行驶系统等。

拓 展 阅 读

育苗工作人部分内容都是把分栽作物搬来搬去，单调而枯燥，浪费人力而且效率不高。美国波士顿的育苗机器人很好地解决了这个问题。这种育苗机器人由滚动轮胎、抓手和托盘组成。工作人员只要实现在触摸屏上设定地点参数，机器人就能感应盆栽，并自动把它们移动到目的地。

田埂上的机器稻草人

田埂上的稻草人

同学们到农村去游玩，或是到乡下走亲戚时，可能会看到这样一种场面：在江南水乡，播稻种的季节，往往在一块块田野的中央，插着一个个用纸，或是用稻草扎的模拟人形的"人"。这些"人"头上戴着一顶草帽，隔远看去，一定会以为是一个真人站在那里。

　　若是在收获的季节，会见到另一种情景。一个个农民站在田埂上，手拿一根头上缠着布条的竹竿，在那里不停地摇晃着，不住地呐喊着。大家初次见到这种景况，一定会感到新鲜，而且很想知道这是在干什么？

　　生长在祖国南方的人，每天都能会吃香喷喷的大米饭。从一粒粒稻种到长成一片片金黄的稻子，需要经过选种、浸种、下种育苗、扦插等一系列过程。

　　育苗，又称育秧，就是把经过筛选的良种，播撒在整理好的秧田里，让它生根、出苗直到能够扦插为止。育苗初期，稻种往往散落在秧田的表面上，这时播种非常容易受到麻雀等鸟类的侵袭。如果没有防范措施，播下的稻种可能在几天之内就被成群的鸟类偷吃个精光了。

原始稻草人

　　稻谷在成熟时，也会受到成群鸟类的侵害，而且情况严重

时，整片整片的稻子甚至会颗粒无收。上面谈到的秧田中竖着
的那些纸扎的或稻草捆扎的人，还有田埂上站着的一个个摇旗
呐喊的农民，就是在驱赶鸟类。

这些稻草人、纸人竖在田中央，的确能一时唬住一些鸟
类。但是随着时间的流逝，其驱赶鸟类的效果会越来越差。一
旦让那些贪吃而又胆大的鸟识破天机，它们就会目中无人照吃
不误。让人举着旗杆不停地在田埂上走来走去，摇晃吆喝，驱
赶鸟类的确有效，但在旷野上哪有那么多人来设防。再说，一
个人一天干下来，也会口干舌燥、疲惫不堪。

机器稻草人诞生

这种工作能不能由机器人来承担呢？能，完全能！英国一

家工厂就能够生产替人从事驱赶鸟类等工作的机器稻草人。这种机器人不仅能够不停地发出各种刺耳的尖叫声，到了夜晚，还能够发射出各种颜色的光。而且，这种机器人最大的优点是可以在田野或是菜园的田埂上，按照规定的路线移动。

可以想象，用这样的机器稻草人来驱赶鸟类，一定比那些纸糊、草扎的"呆人'要有效的多。更何况它又不会像人那样容易疲倦，只要不给它下达停止的命令，它就会像一个永不疲倦的卫士，始终忠于职守。

当然，我国的广大农村还没有机器人来代替人干这份工作。但是，随着我国科学技术水平的不断提高，随着机器人应用的日益普及，这种机器稻草人也必然将活跃于山野中、田埂上。

拓 展 阅 读

西德的费希特·萨克斯公司曾经研制成功一种"爬树机器人"，被称为"树猴"。它能够代替人爬到树上自动砍修树枝，身上装有8个车轮和一把链式形状的锯子，行走的动力由自身携带的发动机提供。这种树猴机器人的砍修效率，要比人工作业的效率高出很多倍。

苗本及草上作业机器人

苗本作业机器人

加拿大、日本和瑞典都进行过此类机器人的研究。加拿大在20世纪70年代，开始致力于林业机器人研究。1974年前后，加拿大开始研究自动植苗机，但到20世纪90年代中期，植苗机的自动化水平离机器人还相差太远。研究的重点是利用传感器自动调整植苗机前端与地面障碍物的位置关系。

如果做到这一点，那么除了需要人工驾驶车辆之外，其他

操作的自动化都易于实现。进入21世纪后，日本森林综合研究所研制了一种自动植栽机用于造林作业。

嫁接机器人也属于苗木作业机器人行列，日本将其划为生物生产机器人领域，这一类机器人在农林业嫁接作业中均有。日本开发了多种该类机器人。

草上作业机器人

草上作业机器人，一般指以草为作业对象的机器人，主要有两种。一是草坪修剪机器人，该类机器人主要作业对象是各种草坪广场等，比如高尔夫球场以及城市大面积的草坪广场等。另一种是除草机器人，主要用于需要除草作业的场合，比如农田的杂草清除、高速公路沿线的杂草清除等。

随着高尔夫、足球等运动的兴起，人们对运动场地草地的要求越来越高，而且现代人对环境要求的增加，小区街道绿化建设的兴旺，小区草坪建设、街道草坪建设成为必不可少的工程。同时，人们对草坪的美观程度和工作效率有一定的要求。

1805年，英国人普拉克内特发明了第一台可以收割谷物并可以切割杂草的机器，由人推动机器，通过齿轮传动带动旋刀割草，这就是割草机的雏形。

随着草坪业的迅速崛起，在园林机械中割草机发展的最快。按行进方式可分推行式、后推行式、坐骑式、拖拉机悬挂式；按动力驱动方式主要可分为人畜力驱动、发动机驱动、电力驱动、太阳能驱动；按割草方式可分为滚刀式、旋刀式、甩刀式。

加拿大一家私人机器人公司，研制了一种六足步行机器人，试验样机重约272千克。采用气动足，可以跨越约1.8米的高障碍物，它继承了玛丽埃塔公司为火星探测设计的遥控行走机器人技术，可用于加拿大2万多千米公路沿线杂草的修剪。

在2012年，本田生产了一款迷你自主割草机，可以自主地在设定的范围内工作，当电池电量不足时，可以自动返回到充电底座的位置充电。此外，迷你割草机还能够攀爬24度的斜坡，并能在修剪浓密草坪时降低轮速，从而得到完美的修剪效果。它可连续工作，专门用来修剪2到3毫米的草坪，并可设定随机模式，以减少对草坪的碾压。本田推出了两个型号的产品迷你300和迷你500，后者可以用来修剪半个足球场那么大的草坪。

本田公司表示，迷你割草机非常适合那些工作繁忙而没有时间修剪草坪的用户，也非常适合那些没有能力按照传统方式经常修剪草坪的老年用户。

葡萄园修剪机器人

在2012年9月，法国开发出第一台葡萄园机器人，名叫"沃野"，它一天可以修剪多达600棵葡萄树，沃野机器人备有四个轮子和一双铁臂，还有六个摄像头和一个全球定位系统。

它可以在葡萄树之间穿梭、测试土壤和检查葡萄品质，可以高负荷、高效率地工作，而且还带有内置防盗系统。它身高仅有50cm，体宽60cm，外观利落而帅气，一诞生，就在葡萄酒界掀起了一股热潮。

它几乎能代替种植园工人的所有工作，包括修剪藤蔓、剪除嫩芽、监控土壤和藤蔓的健康状况等。除此之外，沃野比现有的种植园机器人多出一种功能，就是安全系统。它只能在由程序设定好的种植园工作，危险情况下还能启动自我毁灭程序。危险情况下宁愿启动自我毁灭程序也不"反叛",简直酷极了!

"沃野"是由法国发明家克里斯托弗·米洛创造的。在2012年,"沃野"跨越大西洋,来到美国俄勒冈州卡尔顿山坡上的葡萄园举行个人秀,吸引了很多酿酒师和葡萄园管理者的围观。

"沃野"的主人米洛先生说:"它一天可以工作12个小时,而且不会犯任何错误。"在那次秀场上,米洛用一台平板电脑来控制"沃野"的动作。他说:"我在法国已经销售了30台'沃野'机器人。"

"沃野"机器人相当于一台剪草机的大小,上面安装了3台照相机和一个用于记载修剪记录的软件。其中一台照相机用于识别木质材料,可以通知机器人上前劳作,而另一台照相机可以直接控制修剪的过程。

拓 展 阅 读

1830年,英国纺织工程师比尔·布丁取得了滚筒剪草机的专利。1832年,兰塞姆斯农机公司开始批量生产滚筒式割草机。1902年,英国人伦敦恩斯制造了内燃机作动力的滚筒式割草机,其原理延用至现代。

防风固沙草方格铺设机器人

简要介绍

防风固沙草格铺设机器人是为解决环境恶化中的沙漠化问题而开发的沙障铺设机器人。该机器人由轮式越野牵引车和轮式草方格铺设机器人两大部分组成，在计算机控制协调下，草方格铺设机上的纵向和横向铺草机构能够连续完成沙地上总宽为3米，每格为1米乘1米的草方格沙障铺设作业，从而达到防

风固沙的目的。

工作原理

由东北林业大学、北京林业大学承担的国家863计划"防风固沙草方格铺设机器人研究"项目研制取得成功。该课题组开发出的机器人为6自由度、三站双循环，由PLC与计算机相结合实现了开闭环控制，即有柔润伸缩又可刚性的快速动作。

该机器人可以自动测距与实时监控收集沙地表面信息，并根据这些信息实现适时反馈控制，从而高效高质量地完成固沙铺设任务。该机器人在沙地上行走自如，工作时2秒内可向前移动1米并能够顺利地按要求快速将草插入沙地形成3平方米草沙障。同时，也可以将沙柳或其他沙地植物随行栽入，草插入沙地的深度可为20至40厘米，深度可以自行调整。留在表面的草障高度为20至25厘米，在沙地上形成了草方格立体沙障，而且该草方格沙障的尺寸是可调的，调节范围在0.8米至3米，还可以根据需求将滴灌管道同时埋入草方格中，以利于进行生物治沙。

该机工作效率为每小时4500平方米至5600平方米，是人工的140至280倍。该机器人为国内外首例，它引领了工程治沙与生物治沙相结合领域的方向。同时，该机器人还可以在沙漠石油、天然气的开采、沙漠铁路的护基护路等各方面得到应用，应用范围广泛，市场潜力巨大，开发风险较小。

应用前景

该机器人自动化装备项目经过两年多的努力，克服了各种困难：在固沙机器人特殊结构、草的剪切分割和控制软件等方面攻克了多项技术难关。在浑善达克沙地实地试验，各项技术指标都达到或超过了原设计要求，草方格与灌木黄柳同时栽植得到了实现。机器人在流动沙丘上固沙的草方格大大降低了地面风速，除方格外围2米作业区有少量积沙现象，2米内的草方

格既不起沙也不积沙。机器人固沙在交通不便的少人、重度沙化区展现出了广阔应用前景。

机器人对浑善达克沙地当地的治沙工作产生了良好的推动作用，得到了生态治沙专家和同行们的一致好评，认为该工程装备开辟了防风固沙的新方法，填补了该领域的国际空白。

我国是世界上受沙化危害最严重的国家之一。八大沙漠、四大沙地是我国主要的沙源地。南方沿江、河海也有零星沙地分布。我国西北、华北、东北形成了一条西起塔里木盆地，东至松嫩平原西部，长约4500千米、宽约600千米的风沙带，危害北方大部地区，其扩展速度快、发展态势严峻。因此，该机器人的研制成功有着重要的现实意义。

拓 展 阅 读

南京林业大学智能控制与机器人技术研究所姜树海领导的课题组，开展了关于绿化作业的"多功能机器人系统实现的研究"课题研究工作，在该领域对一类移动体搭载多自由度机器人的运动原理、智能控制等方面进行了研究。

智能砍伐清根机器人

在2014年，中国上映了一部动画影片《熊出没》，备受儿童喜欢和追捧。里面的超级伐木机器人和"光头强"伐木的情景更是给人们留下了深刻的印象。然而，在现实生活中随着科学技术的进步，智能伐木机器人也诞生了。

为克服我国森林资源危机，改进森林资源利用，充分发挥林地效益，其重要途径是：一、充分利用伐木剩余物；二、培

育优质工业用材林。

在采伐剩余物中，伐根占有相当比重。伐区的伐根蓄积量大、用途广，将伐根取出利用的经济效益极为可观。伐根清除后的林地易于人工更新造林，有效地利用了林地，并可以清除繁殖在伐根上损害树木的病虫害和真菌。

在我国原始林区和人工林中，伐根很少清理，一般留在采伐地任其腐朽。所以伐根清理是高效地利用伐区剩余物和伐区迹地更新造林的关键。

一般在我国伐根清理中应用的各种方式、方法都存在着劳动强度大、作业安全性差、作业小路低、经济效益低，环境生态效益差等问题。而国外的伐根清理机器人共同点是功率大、自身重、价格昂贵，国内无法引进推广。

为了解决这个问题，针对国内外伐根清理机械的基本情

况，结合我国的国情和林情，在国家"863"计划支持下，我国研制了一种既先进又经济适用、高效率、对地表破坏程度小、伐根收集率高、清除伐根程度符合森林要求、对环境没有污染，同时符合人类工效学要求的智能伐根机器人。

使用该机器人在停靠位置，就可以清理周围半径8米范围内的伐根，是人工挖根的50多倍。地表坑径小，利用造林减少了采伐迹地水土流失，减少了劳动力强度，保证了安全作业，且有显著的经济效益、生态效益和社会效益。

伐根清理机器人主要由行走结构、机械手、液压驱动系统和单片控制系统等组成。其中机械手安装在具有行走功能的回旋平台上，由回旋盘、大臂、小臂和旋切提拔装置组成。

为能够实现在各种不同坡地、地形有效地进行清理伐根，机械手具有六个自由度，旋切提拔装置由万能切到、提拔筒、四爪抓取机构等组成，在液压系统的驱动下可实现各种俯仰、旋转、抓取。

机械手采用双泵双回路全液压系统驱动，由车液压系统改造，一个泵为旋转马达，由腕部油缸、小臂油缸和左行走马达供油。另一个泵为回转马达，由大臂油缸、夹紧油缸和右行走马达供油。

每泵之间有一个电磁换向阀，可以根据需要控制左、右回路系统单独供油和合流，实现整机连台动作。同时在回路中装有电磁比例调速阀，以便按需求改变关节的运动方向和速度，保证机械手的运动平稳，实现整个机械手的柔性动作。

在清理伐根时，将机器人行走到伐区迹地的一个位置，开启控制平台，输入密码，液晶显示器会显示出各系统是否正常或已经准备就绪提示，然后根据显示器提示，利用键盘选择相应的执行子程序或输入命令。

比如，进入电动控制系统，司机可以操作控制手柄，使机械手回转伸缩对准某一伐根，将旋切提拔装置的旋切筒罩在伐根上，开动旋切机构，将伐根的侧根切断。

然后，四爪抓紧机构夹紧切下的伐根实施抖动，将伐根上的土留在原地便于以后植树，接着大小臂联动提拔，将伐根拔出地面，随着转移到指定位置或运输伐根的车辆上方，松开夹紧抓，伐根自动脱落下来，完成了一个伐根清理过程。然后在转动机械手对准下一个伐根，重复上述动作，便可以完成在一个靠停位置，清理周围半径内所有的伐根作业。

拓 展 阅 读

在2004年加拿大多伦多大学的科学家发明了水下伐木机器人。新型机器人潜入水下后，首先借助于一个小型摄像头确定目标，然后漫游过去之后，伸出机械臂抱住树木，并在其根部系上一个压缩后的气囊，气囊随即膨胀。在这些准备工作结束后，机器人则将利用1.5米长的链锯将树木伐断，之后树木将依靠自身和气囊的浮力漂上水面，由工人收集运送上岸，然后风干。